中小学

Python（微课版）

编程项目学习

创意课堂

方其桂 主编

梁祥 刘锋 副主编

0101
1001
0110

清华大学出版社

北京

内容简介

这是一本写给零基础学编程读者的入门书。本书通过一个个独立的项目，让读者掌握Python语言编程的方法与技巧，从而打开编程世界的大门。这也是一本写给中小学信息技术教师的书，它可以引领教师开展项目式学习实践研究，帮助教师摸索出一套行之有效的项目式学习的路径与方法。

本书以Python编程语言为内容进行项目式学习，形成了项目式学习的一套流程，其主要分为项目名称、项目准备、项目规划、项目实施、项目支持、项目提升和项目拓展。

本书结构合理，内容翔实，语言精练，图文并茂，实用性强，易于自学。其主要内容包括Python编程入门、Python编程基础、Python程序控制、Python数据类型、Python数据结构、Python函数编程、Python编程算法、Python项目实战。

本书适合对编程感兴趣的中小学生以及不同年龄的初学者阅读，也适合家长和老师作为指导青少年学习计算机程序设计的入门教程。

本书封面贴有清华大学出版社防伪标签，无标签者不得销售。

版权所有，侵权必究。举报：010-62782989，beiqinquan@tup.tsinghua.edu.cn。

图书在版编目(CIP)数据

中小学Python编程项目学习创意课堂：微课版 / 方其桂主编. —北京：清华大学出版社，2021.11

（2025.5 重印）

ISBN 978-7-302-59371-3

Ⅰ. ①中… Ⅱ. ①方… Ⅲ. ①软件工具—程序设计—青少年读物 Ⅳ. ①TP311.561-49

中国版本图书馆CIP数据核字(2021)第211038号

责任编辑：李　磊
封面设计：杨　曦
版式设计：孔祥峰
责任校对：马遥遥
责任印制：曹婉颖

出版发行：清华大学出版社

网　　址：https://www.tup.com.cn，https://www.wqxuetang.com
地　　址：北京清华大学学研大厦A座　　　　　　邮　编：100084
社 总 机：010-83470000　　　　　　　　　　邮　购：010-62786544
投稿与读者服务：010-62776969，c-service@tup.tsinghua.edu.cn
质 量 反 馈：010-62772015，zhiliang@tup.tsinghua.edu.cn

印 装 者：小森印刷(北京)有限公司
经　　销：全国新华书店
开　　本：170mm×240mm　　　印　张：16.75　　　字　数：367千字
版　　次：2022年1月第1版　　　印　次：2025年5月第4次印刷
定　　价：79.80元

产品编号：087719-01

编委会

主　　编　方其桂

副 主 编　梁　祥　刘　锋

编委会成员

冯士海

张　青

孙志辉

董　俊

林文明

张小龙

王　芳

王克胜

前言

这是一本写给零基础学编程读者的入门书。本书通过一个个独立的项目，让读者掌握Python语言编程的方法与技巧，从而打开编程世界的大门。这也是一本写给中小学信息技术教师的书，它可以引领教师开展项目式学习实践研究，帮助教师摸索出一套行之有效的项目式学习的路径与方法。

1. 为什么学编程

简单地说，学编程不是都为了成为程序员，而是通过学习一门编程语言，学会如何去思考，通过编程来解决我们生活中的实际问题。

我们生活在一个伟大的时代！互联网、信息化、人工智能……这一切的背后都离不开编程。编程的过程是一种思维方式，通过学习编程可以学会如何创造性思考、协同学习和逻辑推理，提高做事的计划性，增强分析问题、解决问题的能力。在信息社会，认识信息、理解信息、驾驭信息，最好的途径之一就是学习编程。因此，编程越来越受到人们的重视，编程将是人工智能时代人才的必备素质。

在未来世界中，编程能力可以说是一个受过教育的人的基本能力，就像今天一个上过学、读过书的人要具备基本的读写能力一样。

2017版高中信息技术课程标准将计算思维作为核心素养之一，虽然编程不是培养计算思维的唯一途径，但肯定是最重要的途径。

2. 为什么学Python编程

在通过教育部审查的5套信息技术必修1教材《数据与计算》中，均将Python作为编程语言。因此，高中信息技术教师要对Python有一定的研究才能胜任教学，学生也需要将Python作为信息技术学习的重要内容。

Python是一门非常优秀的计算机编程语言，功能强大、兼容性好、可移植，有相对较少的关键字、结构简单，有定义明确的语法，简单易学。Python已经成为三大主流编程语言之一，具有如下优点。

♡ **入门容易**　Python遵循"简单、优雅、明确"的设计哲学，其使用界面简洁，容易上手，非常适合初学编程者学习。

♡ **难度值低** Python语法简单，阅读其程序就感觉像是在读英语一样。在用Python
开发程序时，专注的是如何解决问题，而不是明白语言本身。

♡ **兼容性强** 具有免费开源的特点，可移植、可扩展、可嵌入多平台使用。

♡ **丰富的库** Python拥有许多功能丰富的库，用户可以将他人开发的库拿来使用，大
大提高了编写效率，降低了编程难度。

3. 什么是项目式学习

学习编程，传统的学习模式以编程语言的语法教学为主线，通常是先学习编程用
到的语句，再通过练习巩固所学的语法规范。大量的专业名词，等到亲自实践时往往无
从下手，只是将书上的程序搬运到计算机中，遇到实际问题还是无法编写出程序。本
书采用项目式学习的理念与方法，将程序设计课程中的知识分开重组，设计成一个个
独立的项目。在制作项目的过程中发现问题、分析问题、解决问题，将知识建构、技
能培养与思维发展融入解决问题的过程中。其主要过程分为项目选题、项目分析、项
目规划、项目实施、项目支持和项目提升等阶段。这样，在完整的项目中学习者能够
体验解决问题的全过程，进行思维、能力训练，从而有效提高分析问题和解决问题的
能力。

4. 本书结构

本书按照由易到难的顺序，将所有的知识点融入一个个贴近实际的项目中。从简
单到复杂，读者可以先跟着动手做一做，在制作的过程中逐渐理解项目，体验项目的制
作流程，掌握项目制作的一般方法。在完成书中项目的基础上进一步拓展，激发创新思
维。全书按照知识顺序、难度分为8章，每章以知识点区分，每小节均以项目的形式呈
现，便于读者学习和教师教学。

5. 本书特色

本书不要求读者有任何Python基础，只需要对Python编程感兴趣。为充分调动学
习者的学习积极性，本书在编写时体现了如下特色。

♡ **贴近实际** 本书项目设计贴近实际，内容编排合理，难度适中。每个项目都按照项
目的开发流程进行设计，可加深读者对项目制作流程的了解和掌握。

♡ **图文并茂**　本书使用图片代替大部分的文字说明，让读者一目了然，帮助读者轻松读懂描述的内容。具体的操作步骤图文并茂，用图文结合的方式来讲解程序的编写方法，便于读者边学边练。

♡ **资源丰富**　本书为所有项目都配备了素材和源文件，提供了相应的微课，从数量到内容都有着更多的选择。

♡ **形式贴心**　如果读者在学习的过程中遇到疑问，可阅读"项目支持"部分，以避免在学习过程中走弯路。

5. 本书资源

本书配备了程序素材、源代码、微课、教学课件、课后习题及答案等立体资源，尽可能满足读者的各种需求。

♡ **项目微课**　本书为每个项目都提供了微课，扫描书中项目名称旁边的二维码，即可直接打开视频进行观看，或者推送到自己的邮箱中下载后进行观看。

♡ **其他资源**　本书提供教学课件和案例源文件，扫描右侧的二维码，将内容推送到自己的邮箱中，下载即可获取相应的资源(注意：请将二维码下的压缩文件全部下载完毕后，再进行解压，即可得到完整的文件内容)。

6. 阅读建议

读者在使用本书学习时，可以先用手机扫描书中的二维码，借助微课先行学习，然后再利用本书上机操作实践。为了使读者在阅读本书时获得最大的价值和更好的学习效果，我们提出如下建议。

♡ **按顺序阅读**　本书中的所有项目均精心设计，建议读者按照顺序，由易到难阅读。

♡ **在做中学习**　建议在计算机旁边阅读本书，一边实践，一边体会项目的制作过程。

♡ **多思考尝试**　构思项目可以怎么做，分析为什么这样做。只要有想法，就尝试去实现它。

♡ **不怕困难和失败** 学习肯定会遇到各种各样的困难，失败也是很正常的，失败说明这种方法不可行，也就距离可行的方法近了一步。

♡ **多与他人交流** 和朋友一起学习和探讨，分享自己的项目，从而快速学习别人的优点。遇到问题，可以向老师请教，也可以和本书作者联系，我们会努力帮助你们解决问题。

7. 关于作者

本书作者队伍由信息技术教研员、一线信息技术教师组成，其中有3位正高级教师，有多位教师在全国信息技术优质课评选中取得过优异成绩。

本书由方其桂任主编，梁祥、刘锋任副主编。参与编写的作者有冯士海、张青、孙志辉、董俊、林文明、刘锋、梁祥、张小龙、王芳、王克胜等。随书资源由方其桂整理制作。

虽然我们有着十多年编写计算机图书的经验，并尽力认真构思验证和反复审核修改本书内容，但书中仍难免有一些瑕疵。我们深知一本图书的好坏，需要广大读者去检验评说，在此我们衷心希望读者对本书提出宝贵的意见和建议。服务电子邮箱为 wkservice@vip.163.com。

编者

目录

▦ 第3章 Python程序控制

▦ 第4章 Python数据类型

第5章 Python数据结构

第6章 Python函数编程

第7章 Python编程算法

第8章 Python项目实战

第1章

Python 编程入门

生活中人与人之间通过自然语言进行交流。如果人与计算机交流，就需要使用计算机编程语言，如 VB、C++、Python 语言等。

其中，Python 语言是一种语法简洁、功能强大的程序设计语言。它不仅具有可扩展性强、跨平台等特点，还具有丰富而强大的类库。因此，使用 Python 语言可以高效地开发各种应用程序，如网站开发、数据库应用、多媒体及游戏软件的开发等。此外，Python 语言还简单、易学，非常适合初学者。因为它摒弃复杂的结构、简化语法，使得程序结构更简单、可阅读性更强。阅读一个良好的 Python 程序就感觉像是在读英语一样。

学习内容

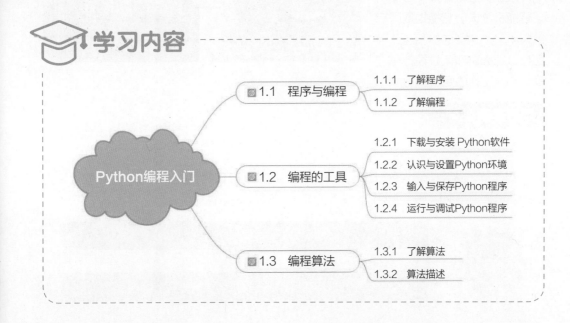

Python编程入门

- 1.1 程序与编程
  - 1.1.1 了解程序
  - 1.1.2 了解编程

- 1.2 编程的工具
  - 1.2.1 下载与安装 Python软件
  - 1.2.2 认识与设置Python环境
  - 1.2.3 输入与保存Python程序
  - 1.2.4 运行与调试Python程序

- 1.3 编程算法
  - 1.3.1 了解算法
  - 1.3.2 算法描述

1.1 程序与编程

计算机要想完成各种任务，需要靠人给它指令。通常完成一个任务需要许多条指令，这些指令按一定规则放在一起就构成了一个程序。在日常生活和工作中，人们可以通过编写程序来指挥计算机完成任务，如各种办公软件、游戏软件和杀毒软件等都是由程序构成的。

1.1.1 了解程序

生活中程序无处不在，如微信、QQ、支付宝、共享单车程序等。各种程序的应用，给人们的生活和学习带来了很多方便。那到底什么是程序呢？

项目名称	了解智能机器人
文件路径	略

武汉新型冠状肺炎疫情暴发以来，国家迅速建成了火神山和雷神山两座医院。为减轻医务人员的工作量以及避免交叉感染。在医院的隔离区使用了智能机器人，它能根据医院的需求分别执行送餐和送药等工作。那么机器人是靠什么控制来完成工作的呢？

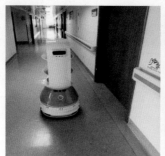

项目准备

1. 提出问题

据了解，这款机器人可以实现厘米级别的定位、最优路径的规划和瞬时智能避障等功能。请据此思考以下几个问题。

(1) 机器人为什么能与人交流呢？

(2) 人们是通过什么控制和指挥机器人完成工作任务的？

2. 知识准备

智能机器人包含了非常多的学科知识及技术，它既可以接受人类的指挥，又可以运行预先编写的程序，通过人工智能技术与人进行语言交流和现场互动。它的任务是协助或取代人类繁重的工作，例如汽车制造、高空或有毒等危险的工作。但不管怎么样，机器人都离不开程序，都是通过程序来完成工作任务的。

项目实施

1. 了解指令

机器人能够与人交流的原因是机器人能够听懂并执行人的指令。那指令又是什么呢？指令是能够指挥机器完成某一个简单功能的操作命令，它包括数字、符号和语法等内容。程序员可以通过一些指令来指挥计算机或机器人完成各种动作。

例如，让机器人往前走50步并右转90度，就可以使用下列指令。

```
forward(50)     指令
right(90)
```

2. 认识程序

机器人能够完成送餐、送药和送化验单等工作任务，是人们通过程序来控制和指挥的。那什么是程序呢？程序是为实现特定目标或解决特定问题而用计算机语言编写的命令序列的集合。其实，程序无处不在，我们日常用的软件、手机上的App等都是程序。

例如，让计算机完成两个数的加法，就可以使用C++编写如下程序。

```cpp
 1  #include<iostream>        // 头文件
 2  using namespace std;      // 命名空间
 3  int main()                // 主函数          注释
 4  {                         C++程序
 5      int a,b,c;            // 定义3个整型变量
 6      cin>>a;               // 输入数值给a
 7      cin>>b;      语句指令   // 输入数值给b
 8      c=a+b;                // 把a+b的和赋值给c
 9      cout<<"c="<<c;        // 输出结果
10  }
```

项目支持

1. 程序的特征

程序都是用程序设计语言编写出来的。一般来说，程序具有以下特征。

目的性　一个程序必须有一个明确的目的，即为了解决什么问题。每一个步骤对应程序中的一条或多条语句，每条语句实现一个或多个操作。

有限性　一个程序解决的问题是明确的、有限的，不能无穷无尽。

操作性　程序中的数据具有可操作性，不同类型的数据具有不同的属性、取值范围和运算方法。

有序性　一般情况下，程序都是从第一条语句开始执行的。在遇到程序控制时，可以选择执行一条或一组语句，也可以重复执行一条或一组语句。

2. 程序的组成

程序是用程序设计语言编写出来的，程序语言又分为低级程序设计语言和高级程序设计语言。在低级程序语言(如机器语言和汇编语言)中，程序由一组有序的指令序列及相关的数据组成；在高级程序语言(如VB、C++等语言)中，程序通常由说明和语句组成。

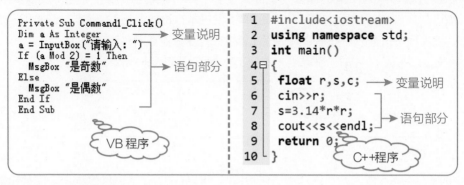

1.1.2　了解编程

在信息社会中，许多工作都要借助程序来完成，如果现有程序不能满足需求，就需要我们编写新的程序来解决问题，所以编写程序是信息技术社会中人们的一项基本技能。

| 项目名称 | 了解邮件收费的编程 |
| 文件路径 | 第1章\项目\邮件收费.py |

某一时期，邮局规定寄省内邮件时，若每件重量在1千克以内(含1千克)，按5元计算邮费；如果超过1千克，其超出部分每千克加收2.5元。试编程，计算邮件的收费情况。

项目准备

1. 提出问题

根据题目的描述，需要定义两个变量x和y，其中，x代表邮件的重量，y代表需要支付的邮件费用。则根据题意，当邮件重量在1千克以内时，所付费用y=5元；当邮件重量大于1千克时，所付费用y=5+(x-1)*2.5。请思考以下几个问题。

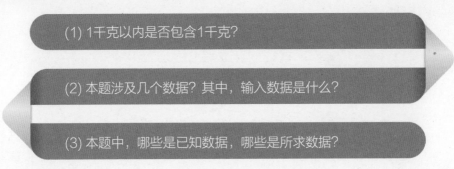

(1) 1千克以内是否包含1千克？

(2) 本题涉及几个数据？其中，输入数据是什么？

(3) 本题中，哪些是已知数据，哪些是所求数据？

2. 知识准备

计算机的所有操作都是按照人们预先编好的程序进行的。因此，若需要运用计算机解决问题，就必须把具体问题转化为计算机可以执行的程序。在提出问题之后，从分析问题、设计算法、编写程序，一直到运行调试程序，整个过程称为程序设计，简称编程。其基本流程如下。

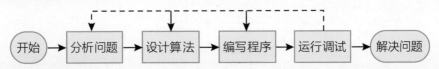

项目实施

1. 分析问题

编写程序之前，首先要对问题进行详细的分析，通过分析弄清楚已知条件下的初始状态及要达到的目标，找出解决问题的方法和过程。

本题解决问题的过程是：首先接收用户输入的邮件重量x，再对x是否小于1千克进行判断，做出不同的选择。该题涉及两个计算数据，即输入的邮件重量x和要付的邮件费用y，根据题意，两者之间的关系式如下。

$$y = \begin{cases} 5(x<=1) \\ 5+(x-1)*2.5 \end{cases}$$

程序设计就是寻找解决问题的方法，并将实现步骤编写成计算机可以执行的程序的过程。

2. 设计算法

根据输入的x值，判断x是否小于等于1，然后选择执行不同的语句。用流程图描述算法如下。

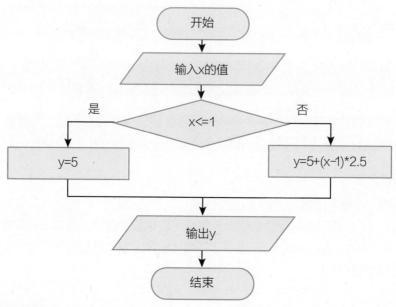

3. 编写程序

算法确定后需要选择一种程序设计语言来编写程序，即将该算法用计算机程序设计语言描述出来，形成计算机能识别的程序。下图分别为使用Python和C++两种程序设计语言编写的计算邮件收费问题的程序。

```cpp
1   #include<iostream>
2   using namespace std;
3   int main()
4   {
5       float x,y;
6       cin>>x;
7       if(x<=1)
8           y=1.5;
9       else
10          y=1.5+(x-1)*0.8;
11      cout<<"y="<<y;
12  }
```
C++程序

```python
1   x=float(input("请输入邮件的重量："))
2   if x<=1:
3       y=5
4   else:
5       y=5+(x-1)*2.5
6   print("您应付的费用为：",y,"元")
```
Python程序

对比两种程序，可以发现Python程序代码比C++程序代码行数更少，且更简洁。

4. 调试程序

通过运行程序，计算机会自动执行程序中的命令。但是，在编写程序时会因录入错误、语法错误和逻辑错误等，导致程序不能正常运行或输出错误的结果。此时，需要对程序进行调试，以便发现错误并进行修改，直到输出正确结果。

项目支持

1. 掌握学习编程的方法

每个人都应该学习如何编程，因为它可以教会我们如何思考。但编程也不是短时间内就能全部学会的，当我们在学习编程的时候，其实有不少方法可以借鉴，这些方法会让学习编程变得更加容易、更加快速。

查看示例代码　当我们第一次学习编程时，应该确保看懂并理解每一个示例。先阅读示例代码，然后再阅读课程内容，其实就是尝试理解这段代码所要做的工作。这样做有助于我们更清楚地理解课程内容。

修改运行代码　当我们看完示例代码后，要亲自修改一下代码并运行。只有修改代码，才能迫使我们注意到编程语言语法中的细节。

尽快编写代码　每学完一个课程后，就可以开始编写与该课程相关的程序了。刚开始我们可能很难想到编写程序的好方法，但这完全没关系。我们可以先从正在阅读的课程中找到一些示例，尝试在不看示例代码的情况下，去编写一个类似的新程序。这样可以快速提高编程的能力，也能尽早培养计算思维。

学会使用调试器　一般编程语言都会自带调试器，试着学习如何调试代码，这将有助于我们理解和掌握这门编程语言。而且调试器还有助于我们查找程序中的问题所在，所以一定要熟练使用。

2. 养成良好的编程习惯

学习编程时，要养成以下良好的编程习惯。

端正学习态度　不能因为一次调试程序不成功就气馁，也不能因为一时看不懂程序代码就放弃。贵在坚持，要经得起失败。

不断反复实践　在刚学习编程时，坚持多动手，多练习，才能驾轻就熟。只有反复实践，才会理解和掌握程序设计的知识要点。我们可以先从最简单的程序开始，逐渐加大程序难度。经过大量的编程实践，有了积累，编程能力就会发生质变。

学会使用帮助　上机前理清程序设计思路，及时总结。对于调试不通过的程序，要注意错误信息的提示，学会利用帮助文件。对于搞不清楚的问题，可借助网络资源帮助解决。

养成严谨的习惯　在刚编写程序时，千万不要"复制""粘贴"代码，可以模仿借鉴。一定要亲自动手输入代码，只有亲自动手，才会发现问题。如输错代码、忘记括号、大小写不对、混用中英文标点等。输入完代码后，再运行它，看看是否出错。所以，开始就需要养成严谨、规范的编程习惯。

1.2 编程的工具

目前，编程的工具有很多种，比较常用的有C++和Python等，每种编程工具都各有千秋。其中C++是用来编写计算机操作系统等贴近硬件的软件，适合开发追求运行速度、充分发挥硬件性能的程序。而Python具有丰富而强大的类库，多用于开发应用程序。Python简化语法、摒弃复杂结构，使得程序更简单、阅读性更强，比较适合初学者。

■ 1.2.1 下载与安装 Python软件

写程序代码使用记事本、Word等软件都可以，但这些软件不能编辑和运行程序。因此，在学习Python之前，首先需要下载和安装Python软件。

| 项目名称 | 下载与安装Python软件 |
| 文件路径 | 略 |

项目准备

目前，Python主要有Python 2和Python 3两个版本。下面以Python 3.8为例，介绍其软件的下载与安装。其下载与安装的步骤如下。

第一步：打开搜索网站。
第二步：查找下载软件的网址。
第三步：打开下载网页，下载并保存所需软件。
第四步：双击运行软件，按软件界面的提示，一步一步安装软件。

项目实施

01 查找 Python 软件　打开浏览器，进入搜索网站，查找需要的 Python 软件的版本。输入关键字"Python 3.8 软件下载"，按下图所示操作，找到 Python 3.8 的下载网址并打开。

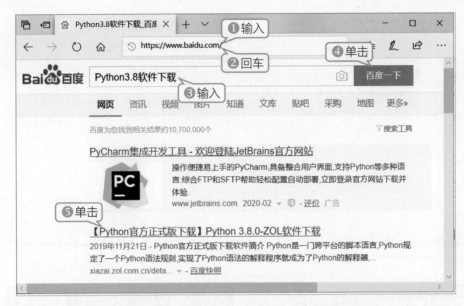

02 下载并保存软件　按下图所示操作，下载并保存 Python 软件。

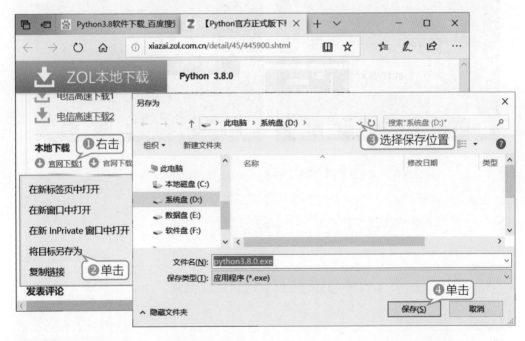

03 安装 Python 软件　打开"编程软件"文件夹，双击下载的"Python3.8.0.exe"文件，按下图所示操作，安装 Python 软件。

04 查看程序　安装结束后，按下图所示操作，可以看到在"开始"菜单中多了一项Python 程序。

■ 1.2.2　认识与设置Python环境

安装好Python软件，下一步需要进一步认识和设置Python环境。在Windows下设置Python环境变量就是把Python的安装目录添加到系统path中。

项目名称　**认识与设置Python环境**

文件路径　略

项目准备

下面仍以Python 3.8为例，介绍Python软件的环境设置，其步骤如下。

第一步：设置环境变量。

第二步：认识Python Shell。

第三步：设置字体、字号。

项目实施

01 设置环境变量　按下图所示操作，如果出现图中所示的界面，说明安装成功，否则需要配置环境变量。

如果在安装Python时勾选了Add Python 3.8 to PATH复选框，那么系统就会自动设置好环境变量，否则需手动设置。

02 认识 Python Shell　按下图所示操作，打开 Python，标题栏上的 Python 3.8.0 是版本号。在命令提示符 >>> 处即可输入 Python 指令。

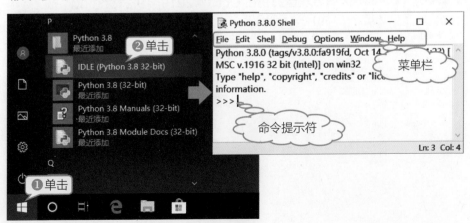

03 设置字体字号 按下图所示操作，在 Settings 对话框中设置 Font Face 为微软雅黑，Size 为 16。

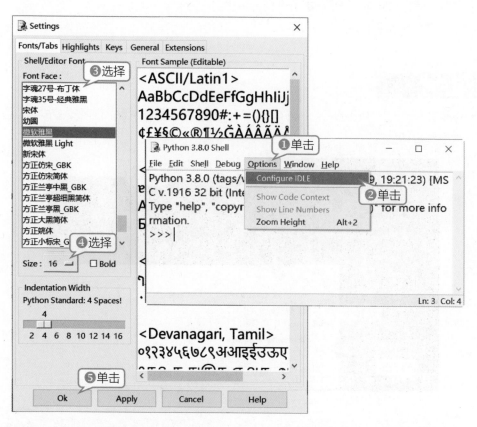

04 设置行号 为了使后续编写的程序便于阅读，按下图所示操作，设置编辑器显示每行代码的行号。

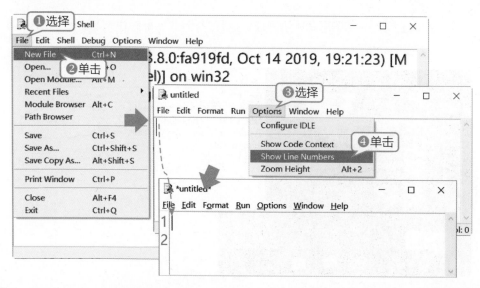

项目支持

1. 计算机程序设计语言

计算机程序设计语言是编写程序最重要的工具。从计算机诞生至今，计算机程序设计语言经历了"机器语言"→"汇编语言"→"高级语言"的发展历程。机器语言中的指令由"0""1"二进制码组成，机器语言执行效率最高，但可读性和直观性差，且容易出错。为了克服机器语言难编、难记和易出错的缺点，科学家用特定符号来表示各个机器指令，于是就产生了汇编语言。随着计算机的发展，科学家发明了与人类自然语言相接近且能被计算机所接受的语言——高级语言。常见的高级语言有Java、Python、VB、C++等。

2. 交互式编程

Python交互式编程主要用于简单的Python命令测试，或者用于调试Python程序、测试有关函数。其打开方式为：执行"开始"→"所有程序"→"Python3.8"→"IDLE(Python3.8 32-bit)"命令。打开如下图所示的交互式编程界面。

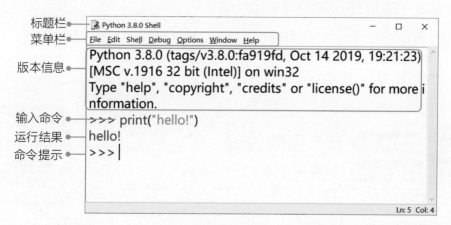

交互式编程是每输入一行命令代码按回车键后，就立即显示对应命令的运行结果，但无法永久保存代码，不方便查看源码，故本书不采用这种模式。

3. 脚本式编程

Python脚本式编程是在IDLE集成环境下通过Python Shell菜单新建一个文件。其打开方式为：执行File→New File命令。按下图所示操作，打开一个未命名(untitled)的脚本窗口。

脚本式编程是运行Python程序的主要方法，它以文件的形式把程序代码保存下来，方便以后随时调用，特别适合程序编写人员。

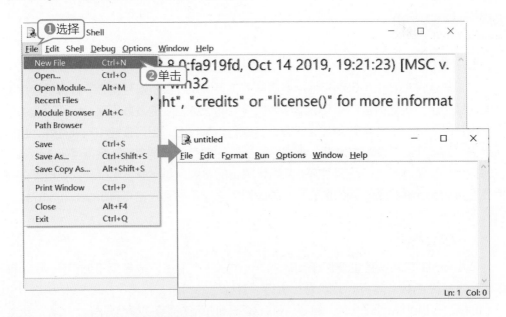

1.2.3 输入与保存Python程序

在认识和了解Python的编辑环境后，就可以新建一个窗体，将多条指令输入，然后保存为Python文件。下面以编程求两个整数的和为例，开始体验第一次使用Python编写程序的乐趣吧！

项目名称 **两个整数的和**

文件路径 第1章\项目\两个整数的和.py

项目准备

1. 提出问题

要求两个整数的和，可以在Python提示符>>>下直接输入求两个整数的和的命令，如输入print(3+5)，按回车键即可输出结果。但每次求两个整数的和都要重新输入一次命令，比较麻烦，不够人性化。能否根据用户提示，直接输入要求的两个整数a和b，即可输出两个整数的和呢？

2. 知识准备

如果需要一次输入多条指令，就可以用IDLE集成环境下的编辑器，通过Python Shell菜单新建一个源文件，输入相应的Python指令。同时还需要了解输入函数input()和输出函数print()。

3. 算法设计

本项目的程序编写，大致可按照如下三步进行。

> 第一步：请输入整数a。
> 第二步：请输入整数b。
> 第三步：计算并输出两个数的和a+b。

项目实施

01 新建源文件　执行 File → New File 命令，新建一个文件。

> 一个文件只能编写一个程序，如再编写另一个程序，还需要新建一个文件。

02 编写程序　在源文件的编辑界面，按下图所示输入代码（输入代码时要在英文半角状态下输入，还要注意英文字母的大小写）。

> #号是注释语句。
> 左图红色文字，初学者可以不用输入。

03 保存程序　按下图所示操作，以"两个整数的和.py"为程序名保存文件。

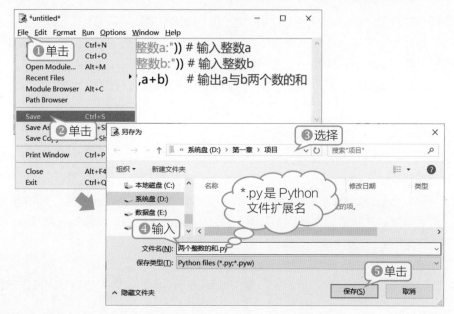

> *.py 是 Python文件扩展名

04 运行程序 执行 Run → Run Module 命令，运行程序，运行结果如下图所示。

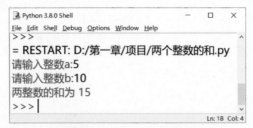

05 关闭程序 单击"关闭"按钮 ✕ ，返回到程序编辑界面。

项目支持

1. Python语言特点

Python于1989年面世，一直在不断地发展和更新中。目前，Python有两个版本，2.x版和3.x版，两个版本互不兼容。Python具有简单、明确、免费、开源和跨平台、可移植等特点，是一门解释性、交互性语言，是目前较受欢迎的程序设计语言，其主要特点如下。

简单、明确 程序代码简单、明确，让人容易看明白。

免费、开源 Python源代码开放、免费，可以自由发布、阅读和修改它的源代码。

跨平台、可移植 由于开源，Python可以被移植到许多平台上，如Windows、Android和Linux/Unix等。

解释性语言 无须编译成可执行文件即可直接运行。不像C或C++等语言，需要编译才可运行。

2. IDLE集成开发环境

集成开发环境(Integrated Development Environment，简称IDE)是把与Python开发相关的工具集成在一起。IDLE是Python自带的集成开发环境，里面包含了编辑器、调试器等工具，在集成环境下可以很方便地创建、运行和调试Python程序。

目前，用于编写Python程序的IDE较多，除IDLE外，还有Spyder、Wing、PyCharm等。

3. VB、C++和Python的区别

VB、C++和Python三种语言都属于高级程序设计语言，每种语言都有自己的特点，不存在哪种好，哪种不好，只是适应的场合和侧重点不同。具体特点和区别如下。

VB语言 VB是Visual Basic的简称，是一种可视化的程序设计语言，它的代码非常接近自然语言。支持数据库调用，可用于开发Windows环境下的各类应用程序，很多管理系统都是用VB开发出来的。

C++语言 C++是一种需要编译后才能运行的语言，它运行效率高，安全稳定。但编译后的程序一般不支持跨平台。一般用来编写贴近硬件的软件，适合开发追求运行速

度、充分发挥硬件性能的程序。各种操作系统等大型复杂的软件，一般都是用C++或C来编写的。

　　Python语言　Python是一种脚本语言，是一种不需要经过编译，直接通过解释器就可执行的语言。它具有丰富的扩展库及类型库，能够很好地跨平台，所以使用起来方便快捷，特别适合一些小工具、小程序的开发。

1.2.4　运行与调试Python程序

　　在编写程序、输入代码的过程中，不可避免会出现各种各样的错误，既有语法方面的错误，也有逻辑方面的错误等，这就需要不断地运行和调试程序，查找并修改程序中出现的各种错误，直到程序正常运行，得到需要的结果。

项目名称	**画彩色荷花图形**
文件路径	第1章\项目\彩色荷花.py

　　在Python中，有一个海龟库，又称为海龟模块，调用海龟模块指令，编程绘制彩色荷花图形。

项目准备

1. 提出问题

　　众所周知，使用画图软件画图虽然可以画出各种图形，但是比较慢。现在使用Python语言编写程序，可以快速地绘制出彩色图形，但需要了解Python绘图的指令及相关参数。请思考以下几个问题。

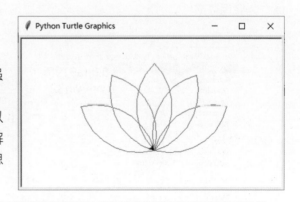

(1) 荷花是由几个花瓣组成的？

(2) 荷花的花瓣呈什么形状？

2. 知识准备

　　还记得以前学过表示颜色的英文单词吗？如Red(红色)、Pink(粉色)、Purple(紫色)、Black(黑色)、Yellow(黄色)、Orange(橘色)、Brown(棕色)、Green(绿色)、

Gray(灰色)、Blue(蓝色)、Magenta(粉红色)等，这些英文单词在Python语言中一样能用。

3. 算法设计

本项目的程序编写，大致可按照如下几步进行。

> 第一步：导入绘图模块。
> 第二步：设置画笔颜色。
> 第三步：设置画笔起始方向。
> 第四步：重复画90度圆弧，不断调整画笔方向。

项目实施

1. 编程实现

如右图所示。

2. 保存程序

按下图所示操作，打开IDLE编辑器，新建Python文件，输入代码后，按Ctrl+S键，以"彩色荷花.py"为名保存文件。

```
1  import turtle            # 导入turtle模块
2  t=turtle.Pen()           # 定义海龟名称为t
3  t.pencolor("magenta")    # 设置画笔颜色为粉色
4  t.left(105)              # 左转105度，调整画笔起始方向
5  for i in range(5):       # 重复5次，画5个花瓣
6      t.circle(100,90)     # 画 90度圆弧
7      t.left(90)           # 左转90度，调整画笔方向
8      t.circle(100,90)     # 画另一条90度圆弧
9      t.left(60)           # 左转60度，调整画笔方向
```

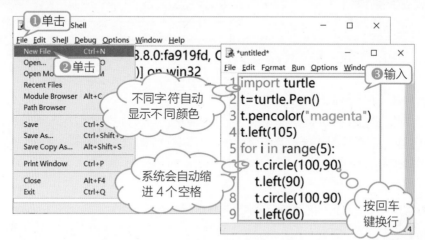

> 在Python语言中，代码是区分大小写的，其中Pen()中的P是大写字母，不能写为小写字母p。

3. 运行调试

按下图所示操作，运行调试程序。此外，还可以直接按F5键运行调试程序。

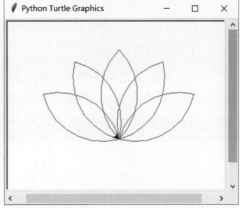

4. 调试修改

　　修改第3行变量t.pencolor("magenta")的颜色为blue，并另存为"彩色荷花a.py"。再按F5键运行调试程序，画出如下图所示的蓝色荷花。

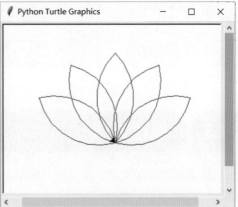

项目支持

1.Python代码规范

　　Python代码讲究优雅、简洁，这离不开良好的代码风格。在编写Python代码时，遵循良好的编码规范，可以有效地提高代码的可读性，降低出错几率和维护难度。

　　高亮显示　　Python让不同的元素显示不同的颜色。默认情况下，关键字显示为橘红色，注释为红色，字符串为绿色，输出为蓝色等。语法高亮显示的优点是更容易区分不同的元素，提高可读性，降低出错率。

　　引号的使用　　字符串引号支持单引号、双引号，但是不建议混用。自然语言一般使用双引号，如"你好"，标识符一般使用单引号，如"blue"。

　　分号的使用　　与其他语言代码不同，不在命令行尾加分号。

　　字母大小写　　模块名、函数名和变量名小写，常量名大写。

换行 如果Python代码太长，可以用符号"\"换行。若在小括号、中括号和大括号中输入代码，直接按回车键即可换行。

2. Turtle海龟模块指令

Python中的海龟模块提供了很多指令，这些指令的意思与其英文意思相同，所以很好理解，常用的Python中的海龟模块的指令及作用如下。

指令	作用
Import turtle	导入turtle模块
t=turtle.Pen()	创建一个画布，给海龟起名为t
t.pencolor('blue')	设置画笔颜色
t.bgcolor('black')	设置背景颜色
t.circle(100)	让t海龟画半径为100步的圆形
t.circle(100,90)	让t海龟画半径为100步的90度圆弧形
t.forward(50)	让t海龟往前走50步
t.backward(50)	让t海龟往后走50步
t.right(90)	让t海龟右转90度
t.left(90)	让t海龟左转90度

1.3 编程算法

算法对于程序设计至关重要，编程首先要确定算法，当了解什么是算法后，还要考虑如何准确、具体地描述算法。

1.3.1 了解算法

在生活和学习中，我们经常会用到算法知识，只是很少意识到。例如，新生报到的流程、去银行自动取款机存取款、去商场选购货物到付款等，在完成这些事情的过程中，发生的一系列活动实际上就包含着算法。因此，从广义上讲，算法是为解决一类特定问题而采取的确定的有限的步骤。

项目名称	认识手工洗衣算法
文件路径	略

高一新学期开始了，部分同学需要离开父母到学校住宿，独立生活。他们首先要学

会洗衣服、整理物品等生活技能。下图是手工洗衣服的流程，请通过洗衣流程，了解什么是算法，思考算法应具有哪些特征，同时掌握描述算法的方法。

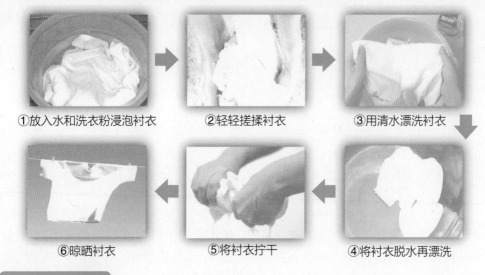

①放入水和洗衣粉浸泡衬衣　　②轻轻搓揉衬衣　　③用清水漂洗衬衣

⑥晾晒衬衣　　⑤将衬衣拧干　　④将衬衣脱水再漂洗

项目准备

1. 提出问题

对许多人而言，洗衣服就是一项重复性的体力劳动。那么如何将人们从洗衣服的劳动中解放出来呢？洗衣机的发明被誉为历史上100个最伟大的发明之一，洗衣机是如何洗衣服的呢？其实，洗衣机是模拟人洗衣服的过程，自动执行洗衣流程，这主要归功于具有计算机功能的芯片来控制算法执行。请据此思考以下几个问题。

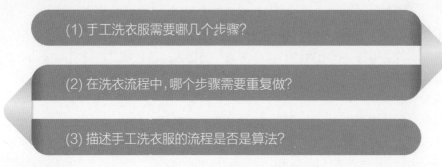

(1) 于工洗衣服需要哪几个步骤？

(2) 在洗衣流程中，哪个步骤需要重复做？

(3) 描述手工洗衣服的流程是否是算法？

2. 知识准备

算法指的是解决问题或完成任务的一系列步骤。它不仅仅可以解决传统意义上的计算任务，也可以完成对各种事务的处理。如制定一份假期旅游方案、洗一件衣服、烧制一道菜等，完成这些任务的流程都可以看作是算法。但这些算法的执行者往往是人，而不是计算机。那么计算机程序的算法有什么特征呢？

项目实施

1. 从洗衣流程认识算法

上面介绍的洗衣流程是一个有序的且能够完成洗衣任务的流程。因此，可以称为"手工洗衣"算法。其步骤如下。

> 第一步：在盆中放入水和洗衣粉浸泡衬衣。
>
> 第二步：轻轻搓揉衬衣。
>
> 第三步：用清水漂洗衬衣。
>
> 第四步：将衬衣脱水后再次漂洗。
>
> 第五步：将衬衣拧干。
>
> 第六步：将衬衣放在室外晾晒。

以上算法中的每一个步骤都能被人执行，但却无法直接让计算机完成。为了让计算机能够解决问题，还需要将解决问题的方法细化为计算机能理解的各个步骤，并通过输入设备"告诉"计算机，计算机才能按照算法步骤解决问题。

因此，对计算机而言，算法指的是用计算机解决问题的步骤，是为了解决问题而需要让计算机执行有序的、无歧义的、有限步骤的集合。

> 算法就是解决问题的方法和步骤，设计算法是解决问题的核心。解决问题的过程，也是实现算法的过程。

2. 了解算法的特征

生活中，洗衣机可以模拟人洗衣服的过程，自动执行洗衣流程，这主要归功于计算机能控制算法执行。但上述的"手工洗衣"算法是无法直接让计算机完成的。计算机能够实现的算法，必须具有一定的特征，算法中的每一个步骤必须有明确的定义，如进水、洗涤、排水等。

此外，算法是对做什么和如何做的具体步骤的描述。例如，洗衣机的洗涤操作是通过电动机正转、停、反转、停的反复循环带动桶旋转，产生水流搅动衣物，完成洗衣任务的。因此，"机器洗衣"算法可以用自然语言描述如下。

> 第一步：电动机正转40秒钟。
>
> 第二步：停5秒钟。
>
> 第三步：电动机反转40秒钟。
>
> 第四步：停5秒钟。

这样，"机器洗衣"算法中的每一步，计算机就能够理解和正确执行，并且在有限的时间内结束。

此外，一个算法除了具有确定性、有穷性和可行性等特征，还必须有零个或多个输入。所谓零个输入是指算法本身设置了初始条件，如进水时间、洗涤次数都属于初始设定，就不需要再输入。一个算法有一个或多个输出，来反映算法执行的结果。如洗衣结束时，发出的"嘀嘀"声就是一种输出，表示算法执行结束。

项目支持

1. 算法的重要性

智能时代，算法已经被广泛地应用于各个领域，专家通过分析行业的运行规律，界定问题，有针对性地建立模型、设计算法，并应用信息技术实现算法，从而创造出新的产品，催生出新的产业。例如，高层楼房的电梯按照一定的算法响应用户请求，合理地停靠到相应的楼层；铁路12306网络订票系统按照一定的算法设置订票模式，高效地服务用户。还有目前的智慧交通、智慧医疗等都离不开算法的应用。

我们学习算法知识，了解算法的基本设计方法，可以深入理解身边数字化工具的特征，能够利用算法思想解决实际问题，提高学习和生活效率，更好地融入信息社会。

2. 算法的特征

根据算法的定义，算法具有下列特征。

有穷性 一个算法必须能在执行有限个步骤之后结束，且每一步执行的时间也是有限的。

确定性 算法中的每一步运算都有确切的定义，且具有无异议性，并且可以通过运算得到唯一的结果。

可行性 算法中执行的任何运算都可以在有限的时间内完成，又称有效性。

输入项 一个算法可以有零个或多个输入。

输出项 一个算法可以没有输入，但至少产生一个输出。任何算法如果无功而返是没有意义的。

3. 算法三要素

用计算机编程解决问题，本质上是以数据运算的方式来实现的。各种运算顺序的调控需要借助控制转移来实现。因此，通过算法让计算机解决问题时，数据、运算及控制转移就成为了算法的三要素。

数据 用算法解决问题时，必须明确运算的初始数据、运算时产生的中间数据以及问题解决后的结果数据。例如，在洗衣机执行"机器洗衣"算法前，必须进行洗涤时间、漂洗次数、脱水时间和每次洗涤所加水量的设置，并将这些设置产生的数据输入到算法中，洗衣机才能按需求工作。

运算 在对数据进行运算时，必须明确每一步的运算是什么、对哪些数据进行运算等。例如，在洗衣机的控制算法中，必须包含洗涤时间的计时、漂洗次数的统计和加水量的统计等运算。

控制转移　在算法执行过程中，有时需要根据数据或运算结果来进行不同的处理，这时就需要运用控制转移来执行不同的操作。例如，在洗衣机进水的过程中，如果水量达到50升则关闭进水阀，否则不关闭进水阀，这个环节就采用了选择结构的控制转移。

项目拓展

1. 问题与讨论

在新冠肺炎暴发期间，各大医院的发热门诊挂号的人非常多，为了解决在挂号窗口排长队而可能造成的交叉感染的问题，医院引进了自助挂号机。病人在自助挂号机上，选用本人有效证件，投入钱币或刷卡付款，就可以直接选择发热门诊的专家、专号。请用自然语言描述挂号流程的算法，并讨论如何体现算法的特征和三要素。

2. 思考与练习

算法自古有之，古代数学家欧几里得在《几何原本》中提出的"辗转相除法"就是算法，利用该算法可以求出两个正整数的最大公约数，其步骤如下。

第一步：输入两个正整数m和n。
第二步：若m＜n，则交换m和n的值。
第三步：r＝m%n。
第四步：若r＝0，则输出n的值，算法结束；否则，执行第五步。
第五步：令m＝n，n＝r，返回第三步继续执行。

这里使用"辗转相除法"计算正整数m和n的最大公约数的步骤，其实就是算法。请用自然语言对该算法进行描述，注意在描述算法的过程中，考虑如何体现算法的特征。

1.3.2　算法描述

在了解什么是算法后，还需要准确、具体地将它描述出来，这样才能便于编写成程序供计算机执行。算法描述就是将解决问题的步骤用一种可理解的形式表示出来。常用的描述算法的方法有自然语言、流程图和伪代码等。

项目名称	**描述韩信点兵的算法**
文件路径	第1章\项目\韩信点兵.py

相传我国汉代有位大将军叫韩信，他才智过人，从不直接清点自己军队的人数，只要让士兵三人一排、五人一排、七人一排地变换队形，而他每次只掠一眼队伍的排尾就知道总人数了。这个问题即著名的"韩信点兵"问题，又称"秦王暗点兵"问题。在《孙子算经》中也有记载："今有物不知其数，三三数之余二，五五数之余三，七七数之余二，问物几何？"现请分别用自然语言、流程图、伪代码描述其算法。

有多少兵呢？

项目准备

1. 提出问题

韩信通过变换队形，怎么就知道自己军队的人数呢？实际上，在解决该问题时，可按照下列思路进行：首先观察、分析问题，收集必要的信息，找出已知条件；再根据已有的知识、经验进行判断、推理，找到解决问题的方法和步骤。请思考以下几个问题。

(1) 逐个数去试能不能找到该数？

(2) 上网查资料，看看有没有更好的解决办法？

2. 知识准备

了解自然语言、流程图、伪代码描述算法的特点及方法。对于同一个问题，我们可以用多种表达方法描述，不同的方法也会有优劣之分。但如果要让计算机解决问题，不管用哪种方法，必须明确地"告诉"计算机要处理的具体对象和每一步准确的处理过程，否则计算机就无法处理。因此，算法描述要尽可能精确、详尽。

项目实施

1. 用自然语言描述算法

自然语言是人们在日常生活中交流时使用的语言，如汉语、英语等都是自然语言。用自然语言描述算法符合人们的表达习惯，通俗易懂。用自然语言描述"韩信点兵"问题的算法如下。

第一步：将变量n的初始值设为1。

第二步：如果n被3、5、7整除后的余数分别为2、3、2，则输出n的值，跳转到第四步。

第三步：将n的值加1，跳转到第二步。

第四步：结束程序。

2. 用流程图描述算法

流程图又称程序框图，它是一种常用的表示算法的图形化工具。与自然语言描述相比，用流程图描述算法形象、直观，更容易理解，解决问题的步骤更简洁，算法结构表达更明确。"韩信点兵"问题的算法用流程图描述出来，如下图所示。

对于一些复杂的问题，直接编写代码很难保证程序的正确性，程序设计人员往往先用流程图描述算法，再根据流程图写出程序代码。

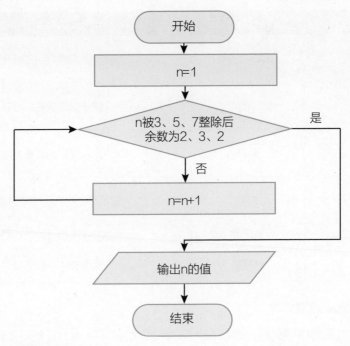

3. 用伪代码描述算法

伪代码是介于自然语言和计算机程序语言之间的一种算法描述，伪代码没有固定的、严格的语法限制，书写也比较自由。只要定义合理，把意思表达清楚，没有矛盾即可。在用伪代码描述算法时，表示关键词的语句一般用英文单词，其他语句可以用英文语句，也可以用汉语语句。"韩信点兵"问题用伪代码描述如下。

```
N=1
  DO
    IF N被3、5、7整除后的余数分别为2、3、2  THEN
      PRINT  N
  EXIT  DO
    END IF
      N=N+1
LOOP
```

项目支持

1. 流程图

使用流程图描述算法形象、直观，更容易理解。在画流程图时，需要用特定的图形符号加上说明来表示程序的执行步骤。流程图的基本图形及其功能如下表所示。

图形	名称	功能
	开始或结束	表示算法的开始或结束
	输入或输出	表示算法变量的输入或输出
	处理	表示算法变量的计算与赋值
	判断	表示算法中对条件的判断
	流程线	表示算法中流程的走向
	连接点	表示算法中的转接

2. 算法的基本控制结构

算法的基本控制结构包括顺序结构、选择结构和循环结构。任何一个算法，都可以由若干个基本结构或其组合构成。

顺序结构　顺序结构是一种最简单的基本结构，就是由上至下，按先后顺序依次执行，如右图所示。

选择结构　选择结构又称分支结构，是对给定的条件进行判断之后再做出选择的一种结构，如右图所示。在选择结构中，满足条件时执行一个分支，不满足条件时执行另一个分支。

循环结构　循环结构是描述重复执行操作的控制结构，解决了多次重复操作的问题。但循环结构的重复执行并不是没有限制的，而是在条件控制下的一种可控的重复，如右图所示。当不满足条件时，算法能及时结束。这也符合算法有穷性的特征。

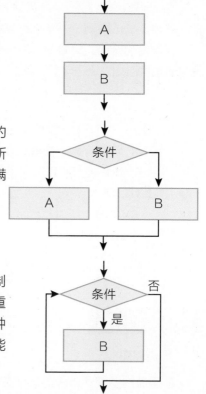

项目拓展

1. 问题与讨论

目前，国内许多高速公路上安装了不停车超限检测系统，它自动化程度高，集超限超载检测、车牌识别、语音提示、视频监控、信息处理及上传等系统于一体，具有全自动、不停车、主动识别、快速检测的特点。改变了原超限检测点人工测量、开具凭证的传统工作模式，实现了车辆信息在不停车状态下的自动检测。请与同学讨论，该超限检测系统可用什么样的算法解决超重的计算和显示车牌号的问题？

----

2. 思考与练习

在新学期开学时，为了方便高一新生完成注册、缴费等事宜，学校在校园入口处摆放了"高一新生报到流程"示意图。请用自然语描述"高一新生报到流程"对应的算法，并写在下面的横线上。

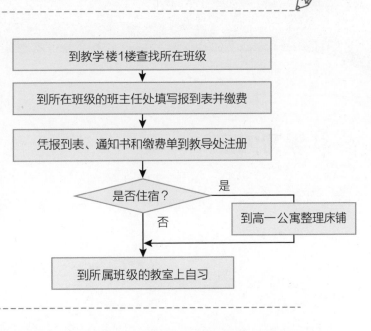

第 2 章

Python 编程基础

　　Python 的语法简洁，没有过多的语法细节的要求，代码的可读性强并且高效。在使用 Python 编写程序时，需要了解 Python 语言的基本语法规范与基础知识。例如，Python 语言中的保留字、标识符；常量、变量的命名规则；常用的运算符、表达式与赋值语句；运算的优先级；基本的输入、输出数据；编写程序过程中会遇到的错误；简单的程序运行、调试的方法。只有这样，才能为后续开发程序做准备。

学习内容

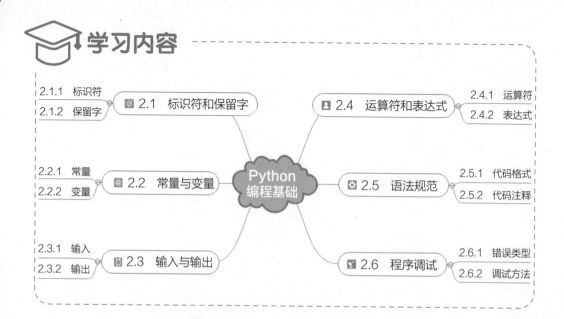

2.1 标识符和保留字

Python程序由一条一条语句组成，而每条语句又包括保留字、标识符、运算符等，编写程序之前，我们先来认识标识符与保留字。

2.1.1 标识符

在生活中，人们约定用一些名称来标记事物，如动物、植物、微生物等。而在Python语言中，用标识符来标记"事物"，如变量名、常量名、函数名等。

项目名称	**找到最大数**
文件路径	第2章\项目\找到最大数.py

生活中经常需要查找符合条件的数，如找最大数、最小数等。现有一组数，需编程找到其中最大的数。

找到最大数

项目准备

1. 提出问题

编写程序找出一组数中的最大数，需要知道找最大数的方法，以及在Python语言中用什么存放一组数、存放最大数，因此在学习本项目前，需要思考的问题如下。

> (1) 在一组数中找最大数的方法是什么？

> (2) 什么是标识符？如何用标识符标识最大数？

> (3) 如何给标识符命名？

2. 知识准备

标识符用来表示常量、变量、函数等的名字。例如"找到最大数"程序中，用

max_number表示最大数，它是表示变量名称的标识符。标识符有一定的命名规则，如首字符必须是字母、汉字或下画线；中间可以是字母、下画线、数字或汉字，不能有空格；区分大小写字母；不能使用Python保留字等。

3. 算法设计

找出最大数，要从给定的一组数中，通过一个一个的比对，找到其中的最大数，并且让它显示在屏幕上，具体算法如右图所示。

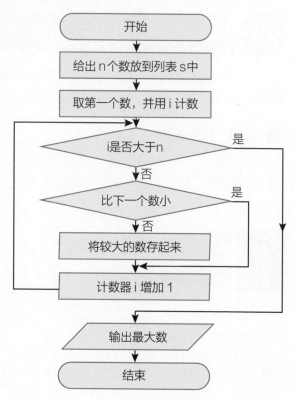

项目实施

1. 阅读程序

首先打开程序文件，仔细查看其中用来放最大数与一组数的标识符，并仔细观察这些标识符是如何使用的。

打开文件 打开Python编辑器，执行"文件"→"打开"命令，打开"找到最大数.py"程序。

认识标识符 如下图所示，s用来存放一组数、max_number用来存放最大数，它们都是用户自己定义的，属于标识符。

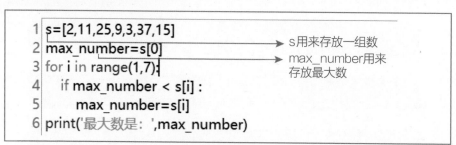

```
1  s=[2,11,25,9,3,37,15]        s用来存放一组数
2  max_number=s[0]             max_number用来
3  for i in range(1,7):         存放最大数
4      if max_number < s[i] :
5          max_number=s[i]
6  print('最大数是：',max_number)
```

2. 调试运行

在知道了标识符的命名规则后，通过观察、修改程序，熟悉标识符的正确命名及使用方法。

想一想 将第1行的标识符s改为num，看看程序能不能运行；将第2行的标识符max_number改为"最大数"，看看程序能不能运行，比较一下修改前后的程序的结果是不是一样。

试一试 在"找到最大数"程序中，为一组数命名的标识符是s，而最大数的标识符是max_number，请将标识符由英文换成汉语拼音，试一试是否能运行。

比一比 将输入的代码与下图所示的代码作比对，看看在命名标识符的过程中应该遵守哪些规则。

```
s=[2,11,25,9,3,37,15]
r=s[0]
for i in range(1,7):
    if r < s[i] :
        r=s[i]
print('最大数是：',r)
```

在我们的习惯中，r出现在公式中，一般表示圆的半径，因此在给标识符命名时，最好见名知意，不可胡乱命名。

项目提升

1. 典型错误

在使用标识符时容易出现以下错误，如3a、P@、if、f%，因为标识符的第一个字符不能是数字；里面不能出现空格、@、% 以及$等特殊字符；Python中有些单词已作特殊用途，也不能使用。

2. 规范要求

在使用标识符时有明确的要求，请用思维导图进行梳理，如下图所示，请思考还有没有其他需要注意的地方？填写在空白处。

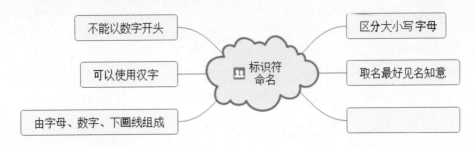

2.1.2 保留字

在Python中，有些单词已确定了特定的意义与用途，称之为保留字(关键字)，如单词if是进行判断的语句，不能作为变量、常量、函数等的名称。下面一起来认识保留字吧！

项目名称	**计算出租车费用**
文件路径	第2章\项目\计算出租车费用.py

某市的出租车收费标准为：3公里以内10元，3公里以上每0.5公里加收1元，编写程序计算出租车的费用。

计算出租车费用

项目准备

1. 提出问题

编写程序计算出租车费用，其中用到的标识符有price(费用)、km(公里数)，计算出租车费用需要根据情况判断，因此在学习本项目前，需要思考的问题如下。

(1) 在Python中如何用标识符来表示判断？

(2) 在Python中哪些单词不能用来定义标识符？

2. 知识准备

保留字是Python系统内部定义和使用的特定标识符，每种程序设计语言都有自己的保留字。按下图所示操作，可以查看Python的所有保留字。

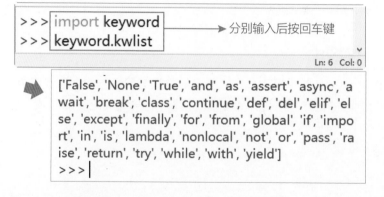

3. 算法设计

编程计算出租车费用，先要知道按什么样的规则计算费用(分3公里以内与3公里以上两种情况)，具体算法描述如下图所示。

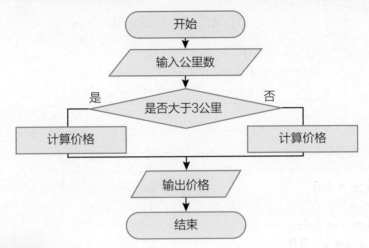

项目实施

1. 认识保留字

想要读懂程序首先要认识保留字，知道使用Python编写程序时某些单词的特殊含义，知道在命名标识符时什么名称不能使用。

看一看　对照"知识准备"中列出的内容，请标出下图中的保留字，并查一查这些保留字的含义。

```
num = 0
for i in range(1, 5):
    print("进入第", i, "次循环, i=", i)
    if i == 3:
        continue
    num = num + 1
print("num=", num)
```

保留字:
_____含义: _____
_____含义: _____
_____含义: _____
_____含义: _____

想一想　阅读程序可知，保留字的颜色与标识符的颜色不一样，但程序中有些单词如range、print等与标识符、保留字的颜色也都不一样，上网查看Python中这些单词的含义。

2. 使用保留字

输入"计算出租车费用"程序，会发现标识符与保留字的颜色不同，通过体验掌握使用保留字的正确方法。

试一试　打开编辑器，按下图所示操作，分别输入If、iF以及if，可知只有在字母全部小写时才是保留字。

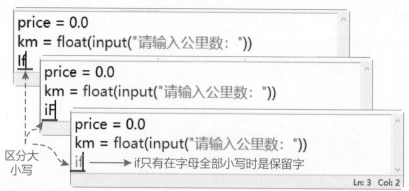

想一想　输入的"计算出租车费用"程序如下图所示，请根据保留字的含义，推断一下红线框内语句的功能。

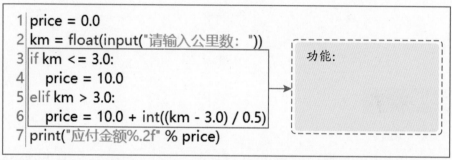

测一测　有些语言使用if、else进行判断，如果将第5行中的保留字elif改为else，程序能不能执行？

说一说　认识、使用过保留字后，请说说标识符与保留字的相同点与不同点，以及使用保留字的注意事项。

项目拓展

1. 填空题

阅读程序"找出最大数"，请将保留字与标识符找出来，填写在相应的横线上。

保留字：_____

_____

标识符：_____

_____

```
numbers =[2,11,25,9,3,37,15]
max_number=0
for i in range(0,6):
    if max_number < numbers [i] :
        max_number=numbers [i]
print('最大数是：',max_number)
```

2. 改错题

下面的程序段用来计算出租车费用，其中标出的地方有错误，请根据使用标识符与保留字的注意事项改正这个错误。

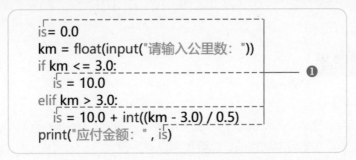

```
is= 0.0
km = float(input("请输入公里数： "))
if km <= 3.0:
    is = 10.0
elif km > 3.0:
    is = 10.0 + int((km - 3.0) / 0.5)
print("应付金额： ", is)
```

❶

错误❶：_____

3. 思考题

张明同学修改的"找出最大数"程序能正常运行，但自己取名的标识符变成了彩色，请思考为什么？

```
numbers =[2,11,25,9,3,37,15]
max=0
for i in range(0,6):
    if max < numbers [i] :
        max=numbers [i]
print('最大数是： ',max)
```

2.2　常量与变量

使用Python编写程序就是处理各种数据，并将处理的结果输出。因此，编程离不开数据，数据以常量和变量的形式出现在程序中。

2.2.1　常量

在程序运行过程中，值不发生变化的数据为常量。所有的常数都是常量，例如1024、blue，以及π、常数e的值等。

项目名称　**求圆的面积**

文件路径　第2章\项目\求圆的面积.py

求圆的面积，首先要知道圆的半径，再根据公式S=πr^2(本书π取3.142)求面积。要求编写程序，对于任意给定的半径，求出圆的面积。

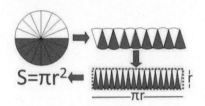

$$S=\pi r^2$$

项目准备

1. 提出问题

编写程序计算圆的面积，需要存放圆的半径r与π的值，其中π的值是不变的，在程序中应该如何处理？在学习本项目前，需要思考以下问题。

(1) 常量与标识符之间的关系是什么？

(2) 如何为常量命名？

2. 知识准备

在程序运行过程中，常量里存放的数据不发生改变，也就是常量一旦初始化后，就不能修改它的值。

常量属于标识符，因此在命名时需符合标识符的命名规则，一般要求字母全部大写或者第一个字母大写，这样在阅读程序时，一看便知其是一个常量。例如，PI=3.142或Pi=3.142。

3. 算法设计

编程求圆的面积，需要知道求圆的面积的方法，以及输入的半径、π的值，具体算法如右图所示。

项目实施

1. 阅读程序

计算圆的面积，需要知道半径及π的值，π是一个确定的数，在整个程序中不能被修改。通过阅读、修改程序，体会常量与标识符之间的关系。

输入文件　打开Python编辑器，输入"求圆的面积"程序，代码如下图所示。

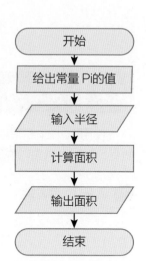

开始
给出常量 Pi 的值
输入半径
计算面积
输出面积
结束

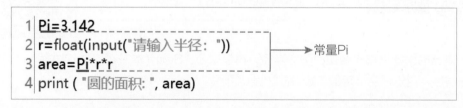

```
1  Pi=3.142
2  r=float(input("请输入半径："))
3  area=Pi*r*r
4  print ("圆的面积：", area)
```

→ 常量Pi

认识常量　如上图所示，在"求圆的面积"程序中，定义的常量Pi，表示公式中的π，根据规定，常量的第一个字母应大写。

2. 调试运行

在程序中定义与使用常量应该遵守相应的规则，如果不遵守规则会产生怎样的影响，通过实践来感受一下吧。

试一试　请用下列给出的数据去测试程序，并将输出的结果填写在相应的单元格内。

序号	修改程序	运行结果
1	将Pi=3.142修改为Pi=3.1415926	
2	将area=Pi*r*r修改为area=3.142*r*r	

想一想　如果将程序中的语句area=Pi*r*r修改为area=3.142*r*r，前面定义的常量还有没有意义？如果要计算圆的周长c，能不能用语句c=2*Pi*r来计算？

2.2.2　变量

在程序运行过程中，可以随着程序的运行而更改的量称为变量。变量可以用来存放程序中可能变化的数据，如"求圆的面积"程序中的半径，用r来存放。

项目名称	**交换两个数**
文件路径	第2章\项目\交换两个数.py

在计算机中将一组数按升序排列，比较两个数的大小，如果前面的数大，就交换这两个数的位置。如何编程实现交换两个数？

项目准备

1. 提出问题

编写程序交换两个数，除了要定义存放这两个数用到的变量，还需要定义一个暂放数据的变量。因此在学习本项目前，需要思考的问题如下。

(1) 变量与标识符之间的关系是什么？

(2) 如何为变量命名？

(3) 如何通过名字区分常量与变量？

2. 知识准备

Python语言中没有专门定义变量的语句，而是通过给变量赋值的方式完成对变量的定义。如a=125，则定义了一个整型变量a。

变量属于标识符，因此在给变量命名时要符合标识符的命名规则，并且最好所有字母全部小写，与常量有所区别。

3. 算法设计

交换两个变量的值的方法很多，一般采用引入第3个变量的方法，如右图所示。

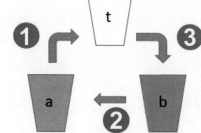

项目实施

1. 编写程序

编写"交换两个数"程序，要知道在Python中交换两个数的方法，以及在Python中如何存放一个数。

输入程序　打开Python编辑器，输入"交换两个数"程序，代码如下图所示。

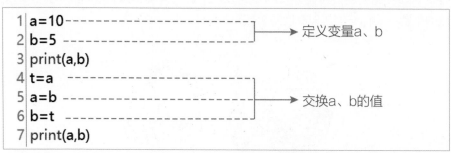

认识变量　如上图所示，在Python中可以通过给变量赋值的方法定义变量，定义了3个变量：a、b、t。

2. 调试运行

阅读"交换两个数"程序，可知交换变量a、b的值，在程序中借助了变量t，并且3条语句的顺序不能颠倒，否则会出错。下面通过实践体验交换两个数的过程。

写一写　仔细阅读程序，并在每一行程序执行结束后，将变量的值填写在相应的变量名后。

行号	程序	变量的值
1	a=10	a=
2	b=5	a= b=
3	t=a	a= b= t=
4	a=b	a= b= t=
5	b=t	a= b= t=

试一试   将程序的后两行调换位置，试一试变量a、b、t的值是不是与调换前不同？为什么？

想一想   下面程序段中的语句都是给变量a赋值，想一想当执行完最后一条语句后，变量a的值是多少？为什么？

```
a=10
a=5
a=100
a=10
```

项目支持

1. 常量、变量的赋值方法

在Python中给常量赋值，如"Aa=123、Ab='chy'、Ac=True、Ad=' '"。在Python中每个变量在使用之前都必须赋值，变量只有在赋值之后才会被创建。使用=可以给变量赋值，=左边是变量名，=右边是变量的值，如给变量赋值，正确的语句是"a=10"，"10=a"则是错误的。

2. 常量、变量、标识符之间的关系

在Python中标识符包括常量、变量等，常量与变量在命名时有所不同，但也有很多相似的地方，具体情况如下图所示。

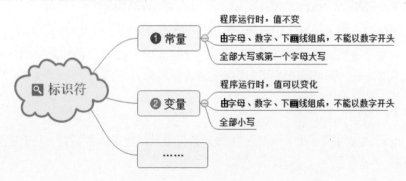

项目拓展 💻

1. 选择题

(1) 执行下列语句后，变量t的值是……………………………………………………( )

```
a=10
b=5
t=a
t=b
```

A. 10   B. 5   C. 15   D. 0

(2) 执行下列语句后，变量s的值是……………………………………………………( )

```
s=10
a=5
s=a
s=15
```

A. 10   B. 5   C. 0   D. 15

2. 填空题

编写程序计算三角形的面积，请在横线处定义变量，底边长为10、高为7。

```
　　　　　　　　

　　　　　　　　
s=a*h/2
print("三角形的面积为：",s)
```

2.3 输入与输出

　　程序通常包括输入数据、处理数据和输出数据3个部分。输入和输出是Python的基本要求，编写程序就是为了执行某个特定的任务。输入，是为了给程序提供运行所需要的数据；输出，是为了向用户展示程序处理结果。

2.3.1 输入

　　在Python中提供了函数input()，主要用来接收从键盘输入的数据，它返回的值是字符串型数据。

项目名称　**奇偶判断**

文件路径　第2章\项目\奇偶判断.py

　　我们在生活中经常遇到奇数、偶数，判断奇数、偶数我们在小学阶段就曾学习过，那么如何编写程序进行奇偶判断呢？

项目准备

1. 提出问题

判断奇数还是偶数，怎样输入数据？在学习本项目前，还需要思考的问题如下。

(1) Python中输入数据的方法有哪些？

(2) 函数input()的格式是什么样的？

(3) 字符串型数据能转换成数值型数据吗？

2. 知识准备

　　在Python中输入数据一般使用input()函数，具体格式是：变量名=input()。为了在程序运行时方便用户理解，一般会加提示信息，如r=("请输入圆的半径: ")，程序运行的时候便会提醒用户输入的是圆的半径。

3. 算法设计

　　判断一个数是奇数还是偶数，需要从键盘输入一个数，再对这个数进行判断，根据判断的结果输出，具体算法如下图所示。

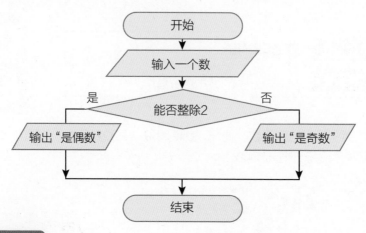

项目实施

1. 认识输入语句

打开"奇偶判断.py"程序，观察程序，了解输入函数input()的格式，并尝试练习数据的输入。

认识输入函数　在Python中输入数据可以用input()函数，如下图所示，运行程序，从键盘输入5，查看结果。

```
1  x = int(input())
2  if x % 2 == 0:
3      print(x, "是偶数。")
4  else:
5      print(x, "是奇数。")
```

→ 输入数据使用函数input()

试一试　将程序的第1行用语句x=int(input("请输入一个正整数："))替代，测试程序的运行情况。

2. 使用输入语句

使用input()函数输入的数据，在进行算术运算前使用函数进行了转换，为什么要转换？

练一练　输入如下图所示的代码，运行程序，分别输入数据5、5，看程序是否能正常运行。

```
s=input()
a=int(input())
s=s+a
```

学一学　使用type(s)与type(a)命令对变量类型进行测试，可以发现使用input()输入的数据是字符型数据。字符型数据不能直接进行算术运算，int()是转换函数，作用是将字符型数据转换成数值型数据。

2.3.2 输出

在Python中函数print()主要用于输出一个或多个数据，并可以按指定的格式显示在屏幕上。

项目名称	**打印九九乘法口诀表**
文件路径	第2章\项目\打印九九乘法口诀表.py

"一一得一，一二得二，二二得四……"，想必大家小时候一定都背过乘法口诀吧？如何编程输出乘法口诀表？

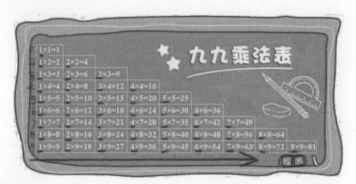

1. 提出问题

输出九九乘法口诀表，首先要了解使用什么命令输出，其次是怎样按"乘法口诀表"的格式将内容正确显示在屏幕上。因此在学习本项目前，需要思考的问题如下。

(1) 使用什么方法输出数据？

(2) print()函数如何按指定的格式输出数据？

2. 知识准备

print()是Python中最常见的一个函数。当使用该函数输出数据时，语法如下所示。

$$\text{print} \boxed{(\text{ objects, sep=' ', end='\textbackslash n' })} \rightarrow 参数$$

各参数的具体含义如下。

objects　表示输出的对象。如print(a, b, c)，当输出多个对象时，中间用英文逗号分隔。

sep　用来间隔多个对象。如print(a, ' ', b)，输出的两个变量之间，可以使用空格字符增加间距。

end　用来设定以什么结尾。默认值是换行符\n，如print()语句，是输出一个空行，也可以用空格结尾，如end=" "。

3. 算法设计

打印九九乘法口诀表，第1行打印一句，第2行打印两句，以此类推，具体算法如下。

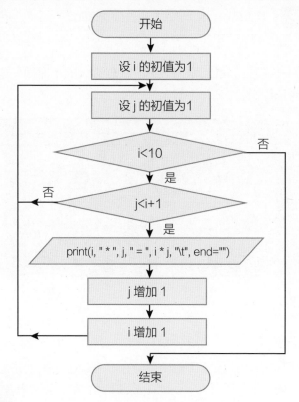

项目实施

1. 认识输出语句

"打印九九乘法口诀表"程序，是一个没有输入有输出的程序，编写这个程序首先要知道怎样输出，并按怎样的格式输出。

输出字符　打开Python编辑器，分别输入以下代码并运行，查看运行后的结果。可知输出字符需要使用英文双引号(单引号)将字符界定起来。

```
print("请输入物品的价格：")
print("  *")
```
→ "*"号前有两个空格

输出变量　分别输入以下代码并运行，查看运行后的结果。可知使用print()函数可以输出多个变量，当输出多个变量时，中间用英文逗号分隔。

```
Pi=3.142
r=10
print(r,Pi)
```

2. 使用输出语句

输出九九乘法口诀表，其中需要使用print()函数输出变量、字符等，下面通过实践，体验print()函数的使用。

想一想　打开"打印九九乘法口诀表"程序，代码如下图所示，如果将"*"改为"×"，程序能不能正常运行？修改并运行程序，查看结果。

```
1  for i in range(1, 10):
2      for j in range(1, i + 1):
3          print(i, " * ", j, " = ", i * j, "\t", end="")
4      print()
```
→ 修改为"×"

试一试　将程序中的输出语句改为下表中的语句，先预计运行结果(只需简单描述效果)，再运行程序，查看真实的结果，检验自己考虑得是否正确。

序号	语句	预计运行结果	真实运行结果
1	print(i * j, "\t", end=" ")		
2	print(i, " * ", j, " = ", i * j)		
3	print(i * j, " = ", i * j)		

说一说　请说说使用print()函数时应该注意的事项，并记录在下面的方框中。

2.4　运算符和表达式

在Python中编程对数据进行运算，运算就需要用到运算符。将数据和运算符连接到一起的式子称为表达式。

2.4.1　运算符

常用的运算符有算术运算符、关系运算符和逻辑运算符等。不同类型的数据可以进行不同的运算，如整型数据可以进行加、减运算等。

项目名称	判断一元二次方程的根
文件路径	第2章\项目\判断一元二次方程的根.py

一元二次方程有没有实根，可以根据下图所示的条件进行判断。编写程序，判断一元二次方程有无实根，任意输入a、b、c三个数的值，判断该方程有没有实根。

一元二次方程的根的情况怎样确定？

$$\begin{cases} b^2\text{-}4ac \geq 0 & \text{有两个实根} \\ \\ b^2\text{-}4ac < 0 & \text{没有实根} \end{cases}$$

项目准备

1. 提出问题

判断一元二次方程有没有实根，需要用到代数式，而计算机无法识别某些数学运算符，如×、÷。需了解Python中的运算符。因此在学习本项目前，需要思考的问题如下。

(1) 数学符号加减乘除对应的Python中的运算符是什么？

(2) 大于、小于等符号对应的Python中的运算符是什么？

2. 知识准备

算术运算符即数学运算符，用来对数字进行数学运算，比如加减乘除。下表列出了Python支持的算术运算符。

运算符	说明	实例
+	加	12.45+15
−	减	4.56-0.26
*	乘	5*3.6
/	除法(和数学中的规则一样)	7/2
//	整除(只保留商的整数部分)	7//2
%	取余,即返回除法的余数	7%2
**	幂运算/次方运算,即返回x的y次方	2**4即2^4

3. 算法设计

对一元二次方程的根进行判断,主要是看△的值,即对b^2-4ac是否大于等于零进行判断,算法具体如右图所示。

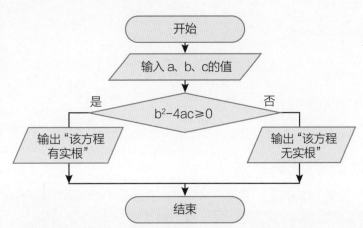

项目实施

1. 编写程序

编写"判断一元二次方程的根"程序,通过键盘输入a、b、c的值,根据b^2-4ac的值判断有无实根,但b^2-4ac在Python中无法执行,需要用计算机能识别的算术运算符。下面一起来试试吧。

输入程序 打开Python编辑器,输入以下代码。

```
1  a = int(input("请输入a: "))
2  b = int(input("请输入b: "))
3  c = int(input("请输入c: "))
4  if b*b - 4*a*c >= 0:
5      print("该方程有实数根")
```

关系运算符
算术运算符

认识运算符 在Python中加、减还是用"+、−"表示;乘、除分别用"*、/"表示,如上图中红线标出的部分,"×"号用"*"表示;"≥"号用">="替代,在编程时要注意正确使用各种运算符。

2. 调试运行

运行程序"判断一元二次方程的根",需要输入测试数据。在设计测试数据时,选择有实根的数据和没有实根的数据分别进行测试。

测一测　打开程序"判断一元二次方程的根.py"，按F5键运行程序，分别输入以下数据，将程序的运行结果填写在相应的表格内。

序号	输入	输出
1	a=1；b=2；c=1	
2	a=2；b=2；c=1	
3	a=1；b=6；c=1	

想一想　阅读"项目实施"中的内容，想一想，如果将"b*b – 4*a*c"修改成"b*2 – 4*a*c"或"b*b – (4*a*c)"是否正确？为什么？并将思考的结果填写在下面的方框内。

■ 2.4.2　表达式

表达式由常量、变量、运算符和圆括号等按一定的规则构成，如b*b-4*a*c，其中符号"*、–"是运算符，而a、b、c是用标识符表示的变量。

项目名称　**探究自由落体运动**

文件路径　第2章\项目\探究自由落体运动.py

高中物理课本中，有一个关于自由落体运动的练习题：从离地面500米的高处自由落下一个小球，求小球在落地前最后1秒的位移(重力加速度g以9.8m/s^{2}计)。如何编写程序进行计算？

自由落体运动

项目准备

1. 提出问题

由已知条件计算小球在最后1秒的位移，本项目的关键点是知道将代数式转换为

Python表达式的方法，因此在学习本项目前，需要思考的问题如下。

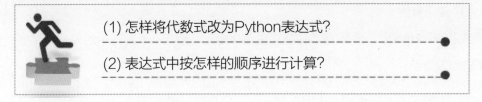

(1) 怎样将代数式改为Python表达式？

(2) 表达式中按怎样的顺序进行计算？

2. 知识准备

如果两个或多个运算符出现在同一个表达式中，需要按照优先级确定运算顺序，优先级高的运算符先运算，优先级相同的运算符从左向右依次运算。需要注意的情况如下。

在Python中表达式运算有优先次序，如 "90-2>85 and 45*2<100"，先算90-2与45*2，再进行比较运算88>85与90<100，最后计算True and True得到结果为True。

当表达式中出现 "()" 时，它的运算优先级别最高，先运算 "()" 内的表达式，因此也可以使用 "()" 改变运算的优先级。

在同类运算符中也要注意不同的优先级。例如，算术运算中的乘方高于乘，乘除高于加减等。

3. 算法设计

关于小球自由落体运动问题，已知条件是小球离地面的高度h为500米，重力加速度g为9.8m/s^2，根据公式$h=\dfrac{1}{2}gt^2$，可以求出最后1秒小球的位移。具体算法如下图所示。

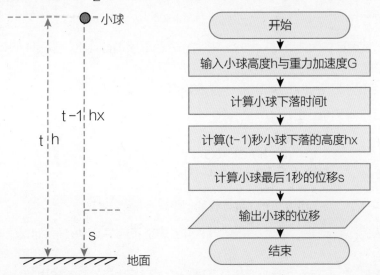

项目实施

1. 细化算法

根据"算法设计"，编写"探究自由落体运动"程序，看算法中的每一步是如何在Python中实现的。

定义常量与变量 已知条件是小球的高度500米和重力加速度，需要计算的是小球下落的时间t、(t-1)秒小球下落的高度hx、小球最后1秒的位移s，共计1个常量、4个变量，分别是G、h、t、hx、s。

计算小球下落的时间t 根据公式可推导出小球下落的时间t，但物理公式不能直接在Python中使用，需要进行转换，如下图所示。

$$h = \frac{1}{2}gt^2 \implies t = \sqrt{\frac{2h}{g}} \implies t=(2 * h / G)**0.5$$

Python中不可以开根号，可用0.5次方替代

计算(t-1)秒小球下落的高度hx 有了小球下落的时间t，然后根据公式$h = \frac{1}{2}gt^2$，计算(t-1)秒小球下落的高度hx，公式为$hx = \frac{1}{2}g(t-1)^2$，将公式转为Python表达式为hx=G * (t - 1) * (t - 1) / 2。

计算小球最后1秒的位移s 有了总高度500米与小球(t-1)秒下落的高度，最后1秒的位移用总高度h减去hx即可，写成Python表达式为s=h-hx。

输出小球最后1秒的位移 使用print()函数直接输出，即print(s)，加上提示信息方便阅读，代码可改为print("小球最后1秒下落的位移是：", s, "米")。位移一般用s表示。

2. 编写程序

输入"探究自由落体运动"程序，并对输入的程序进行观察，熟悉Python表达式的正确书写方式。

输入代码 打开Python编辑器，输入的代码如下图所示。

```
1 h = 500
2 G = 9.8
3 t = (2 * h / G)**0.5
4 hx = G * (t - 1) * (t - 1) / 2
5 s = h - hx
6 print("小球最后1秒的位移是：", s, "米")
```

修改程序 运行程序，记下运行结果，并考虑能不能将程序的第1句代码修改为从键盘输入高度。

保存程序 执行File→Save命令，在弹出的对话框中以"探究自由落体运动.py"为名保存文件。

项目支持

1. 关系运算符

关系运算符用来进行比较运算，比如大于、小于、等于。下表列出了Python支持的关系运算符(其中a=3、b=5)。

运算符	说明	举例	结果
==	等于——比较两个对象是否相等	a == b	False
!=	不等于——比较两个对象是否不相等	a != b	True
>	大于——返回x是否大于y	a > b	False
<	小于——返回x是否小于y，进行比较运算，返回1表示真，返回0表示假。这分别与特殊的变量True和False等价	a < b	True
>=	大于等于——返回x是否大于等于y	a >= b	False
<=	小于等于——返回x是否小于等于y	a <= b	True

2. 逻辑运算符

逻辑运算符用来进行逻辑运算，比如"与""或""非"。下表列出了 Python 支持的逻辑运算符。

运算符	举例	说明
and	x and y	布尔"与"——如果x为False，x and y返回False；否则返回y的计算值
or	x or y	布尔"或"——只有当x和y都为False时，结果才为False；x和y有一个为True，结果就为True
not	not x	布尔"非"——如果x为True，返回False；如果x为False，返回True

3. 表达式的运算优先级

Python中运算符主要有算术运算符、逻辑运算符、关系运算符、赋值运算符、位运算符五种，下面简单地介绍一下这五种运算符的优先级顺序。

序号	运算符	描述
1	**	指数(最高优先级)
2	*、/、%、//	乘、除、取余和整除
3	+、-	加法、减法
4	<=、<、>、>=	关系运算符
5	<>、==、!=	关系运算符
6	=、%=、/=、//=、-=、+=、*=、**=	赋值运算符
7	not、or、and	逻辑运算符

2.5　语法规范

学习Python语言，必须了解并遵守它的语法规范，如标识符的正确命名、表达式的正确书写等。同样，在输入、编辑代码时，也应该遵守相应的规范，如在输入时怎样换行、怎样表示一个语句块、怎样对重点语句进行注释等。否则既容易出错，也不便于日后编辑修改。

2.5.1　代码格式

在Python中输入代码也要遵守一定的格式，如怎样表示一个语句结束、用什么方法界定一个语句块等。

项目名称	**判断等级**
文件路径	第2章\项目\判断等级.py

判断分数等级是一个很简单的数学问题，成绩分数等级标准如下表所示。编写程序实现，用户只要输一个数，程序就可以判断出其对应的等级。

成绩	等级
100～90	A
90～80	B
80～70	C
70～60	D
60以下	F

 项目准备

1. 提出问题

在Python中输入代码，当条件(选择语句)为真时，执行的是一组语句的"语句块"，在"交换两个数"程序中共用到了3条语句，该如何输入？而"判断等级"程序中5条判断语句是并列关系，又该如何输入？在学习本项目前，应该思考的问题如下。

> (1) 怎样表示选择结构(循环结构)下的一组语句？
>
> (2) 用什么方式实现缩进，按空格键还是按Tab键？

2. 算法设计

根据不同成绩，判断相应的等级有多种解法，可以对每一条语句都进行判断，每一条判断语句之间是并列关系，算法如下图所示。

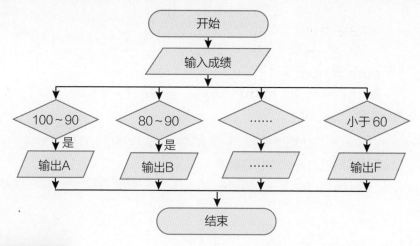

项目实施

1. 了解代码书写格式

在Python中输入代码与在文本编辑软件中输入代码差不多，不同的是，Python对格式要求非常严格，如果版式错误，程序将不能正常运行。下面介绍在Python中语句显示和缩进的方式。

一条语句多行显示　在Python中，如果一条语句太长，可以分多行显示，使用反斜杠(\)换行，如下图所示。

```
用 \ 换行

k = 21
while not ((k % 5 == 1) and (k % 6 == 5)\
没有空格 ── and (k % 7 == 4) and (k % 11 == 10)):
    k = k + 1
print("总人数： ", k)
```

多条语句一行显示　一条语句可以分多行显示，也可以将几条短的语句写在一行(中间用分号分隔)，如下图所示。

```
用分号分隔

h = 500;G = 9.8;t =  pow( (2 * h / G),0.5)
没有空格  hx = G * (t - 1) * (t - 1) / 2
s = h - hx
print("小球最后1秒的位移是： ", s, "米")
```

语句的缩进方式　在Python中，选择、循环语句下可能是一条语句，也可能是一组语句，如下图所示，在同一语句块中的语句，缩进距离也应该相同。

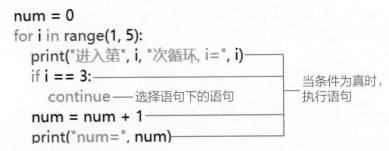

2. 体验缩进控制语句块

在Python中，代码块由缩进控制，稍稍修改缩进，程序便会产生很大的变化。下面通过输入代码，体验缩进时应该注意的事项。

输入代码　打开编辑器，按下图所示，输入"判断等级"程序的代码，注意光标所在位置。

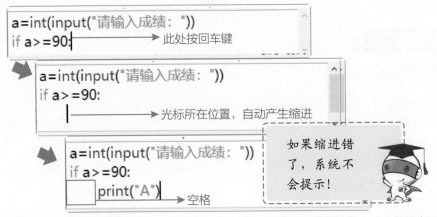

查看缩进　根据算法编写的"判断等级"程序共有5条判断语句，这5条语句是并列关系，因此每条语句的缩进方式相同。

```
1  a=int(input("请输入成绩："))
2  if a>=90:
3      print("A")
4  if 90>a>=80:
5      print("B")
6  if 80>a>=70:
7      print("C")
8  if 70>a>=60:
9      print("D")
10 if a<60:
11     print("E")
```

语句缩进相同

语句(语句块)与控制语句有一定的缩进，表示该语句属于该控制语句，如if与下面的print。

试一试　将程序中所有行的代码调整为左对齐，按F5键看看程序能不能运行。如果程序不能运行，请记下提示信息，并上网搜索错误产生的原因。

想一想　比较下面两段程序，分析它们的运行结果是否相同，并思考其原因。

```
a=int(input("请输入成绩："))
if a>=60:
    print("及格")
    print("恭喜！过关了")
```

```
a=int(input("请输入成绩："))
if a>=60:
    print("及格")
print("恭喜！过关了")
```

理一理　在Python中，一般一行输入一句代码，这样阅读起来比较方便。但当一个程序较复杂，行数比较多，又包括选择、循环等语句时，需要用缩进来表示语句块，请用思维导图梳理程序缩进的注意事项。

2.5.2　代码注释

为程序添加注释可增加程序的可读性，方便别人读懂程序以及自己日后修改程序。为程序添加注释时要注意方法。

| 项目名称 | 求三角形的面积 |
| 文件路径 | 第2章\项目\求三角形的面积.py |

海伦公式又译为希伦公式，利用三角形的三条边长来求取三角形的面积，你能编写程序实现，从键盘输入三条边的边长，计算三角形的面积吗？

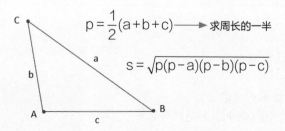

$$p=\frac{1}{2}(a+b+c) \longrightarrow 求周长的一半$$

$$s=\sqrt{p(p-a)(p-b)(p-c)}$$

项目准备

1. 提出问题

自己编写的程序，自己容易阅读，但其他人阅读时可能会有难度，如何方便他人阅读？在学习本项目前，要思考以下问题。

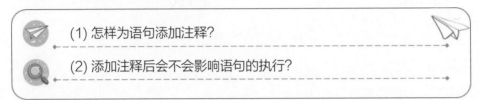

(1) 怎样为语句添加注释？

(2) 添加注释后会不会影响语句的执行？

2. 算法设计

已知三角形的三条边的长度分别为a、b、c，计算出半周长(周长的一半)p，再使用公式：$s = \sqrt{p(p-a)(p-b)(p-c)}$ 计算三角形的面积，使用流程图描述算法如右图所示。

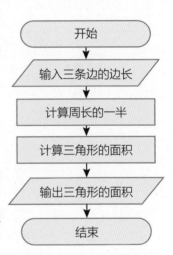

开始

输入三条边的边长

计算周长的一半

计算三角形的面积

输出三角形的面积

结束

项目实施

1. 了解注释方法

在Python中可以为单行代码添加注释，也可以同时为多行代码添加注释，不同的注释方法需要使用不同的字符。

为单行代码添加注释 在Python中为单行代码添加注释使用字符"#"，如下图所示。

```python
1  a = float(input('输入第1条边长: '))        为单行代码添加注释
2  b = float(input('输入第2条边长: '))
3  c = float(input('输入第3条边长: '))
4  p= (a + b + c) / 2                        #求周长的一半
5  s = (p*(p-a)*(p-b)*(p-c)) ** 0.5
6  print('三角形面积为: ',s)
```

为多行代码添加注释 当为多行代码添加注释时，需使用3个单引号(' ' ')或3个双引号(" " ")，如下图所示。

```python
3  c = float(input('输入第3条边长: '))
4  """
5  计算三角形的面积                          为多行代码添加注释
6  """
7  p= (a + b + c) / 2
8  s = (p*(p-a)*(p-b)*(p-c)) ** 0.5
9  print('三角形面积为: ',s)
```

2. 为程序添加注释

在程序中为代码添加注释，可以等代码输完后再添加注释，也可以边输入代码边添加注释。添加了注释，会不会影响程序的运行？有没有其他添加注释的方法？怎样添加注释更方便阅读？下面我们通过实践来体验一下。

试一试　将光标移到第4行代码后面，直接输入"# 求周长的一半"，将"#"分别修改为单引号或双引号，看看程序能不能运行。

比一比　分别为"求三角形的面积"程序的每一行代码添加注释，并运行程序，看看添加注释与没有添加注释前后程序在运行时有没有区别。

想一想　体验为程序添加注释后，请思考：有没有必要为每行代码都添加注释？如何添加注释才能更方便别人阅读？与其他人交流后，填写在下面的方框中。

理一理　在Python中，添加注释可增加程序的可读性，请用思维导图梳理添加注释的注意事项。

2.6　程序调试

我们在编写程序的初期会犯一些拼写上的错误，能一次写完程序并正常运行的概率很小，总会有各种各样的问题需要修正。掌握正确调试程序的方法，可快速找出、修改错误，提高编程效率。

2.6.1　错误类型

Python程序运行时会出现各种错误。这些错误中有的简单，根据错误提示信息就知道原因；有的错误较复杂，需要仔细阅读程序，根据程序中数据的变化情况，来判断错误产生的原因。

项目名称	**分段票价**
文件路径	第2章\项目\分段票价.py

某市地铁票价为：乘坐5站(含5站)每人每张2元；乘坐6～10站(含10站)每人每张3元；乘坐11～16站(含16站)每人每张4元；乘坐17站以上每人每张5元。张小薇同学编写了相关程序，但运行时总是出错，请帮她找出错误，并改正。

乘车区间	票价
1～5站	2元
6～10站	3元
11～16站	4元
17站以上	5元

项目准备

1. 提出问题

本项目是根据情况进行判断，每一种情况对应一种结果，在编程时可能会因为考虑不周而产生错误。因此在学习本项目前，需要思考以下问题。

> (1) Python中错误的类型有哪些？
>
> (2) 能不能根据结果判断错误类型并改正？

2. 知识准备

在测试Python程序时往往会出现错误，常见的有语法错误与逻辑错误。其中语法错误指的是在编写程序时没有遵守语法规范而引起的错误；有逻辑错误的程序能运行，但结果与预计的不同。

语法错误　造成语法错误的原因较多，如遗漏了某些必要的符号(冒号、逗号或括号)；保留字拼写错误；缩进不正确等。如右图所示，是由第1行语句缺少半个括号造成的语法错误。

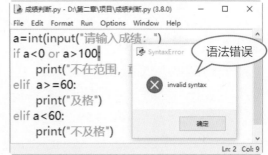

逻辑错误　如下图所示，运行"成绩判断"程序，输入120，预计的输出结果是"不在范围，重新输入"，但真实的输出结果是"及格"，说明程序有误，这种错误属于逻辑错误。

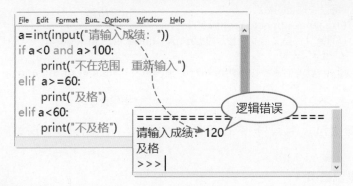

3. 算法设计

当乘客输入具体的站点数时，根据站点数查找出应付的金额并输出，具体的算法如下。

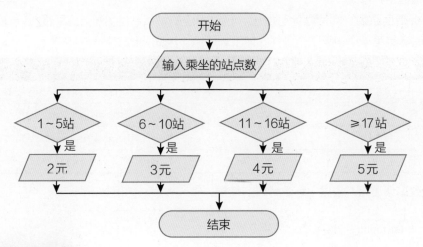

项目实施

1. 修改语法错误

程序编写完毕，输入计算机后，一般采用边运行边检查的方法，反复按"运行程序→查看结果→修改程序"流程调试程序，直到程序没有语法错误能够正常运行为止。

分析错误原因　按F5键运行"分段票价"程序，效果如下图所示。系统提示错误位置在第2行，出错原因是第1行使用input()函数输入的数据是字符型，第2行关系表达式的数据为数值型。

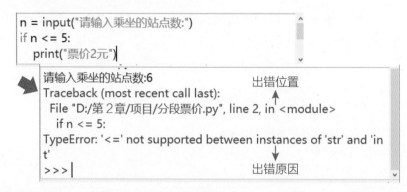

修改错误语句　将第1行的代码修改为"n = int(input("请输入乘坐的站点数:"))"。

2. 修改逻辑错误

要判断一个程序编写得是否正确，首先程序要能正常运行(没有语法错误)。语法错误相对简单，容易发现，而逻辑错误比较隐蔽，可通过设计测试数据对程序进行测试，检测逻辑错误并修改。

分析错误原因　阅读程序可得出，是对乘坐的站点数的判断出了问题，当输入6站时，同时满足第一个和第二个条件，如下表所示，因此要修改判断的条件。

乘车区间	原条件	修改为
1~5站	<=5	n >=1 and n<=5
6~10站	<=10	n>=6 and n<=10
11~16站	<=16	n>=11 and n<=16
17站以上	>=17	>=17

修改错误语句　根据上表中分析的结果，修改程序，结果如下所示。

```python
n = int(input("请输入乘坐的站点数:"))
if n >=1 and n<= 5:
    print("票价2元")
if n>=6 and n<= 10:
    print("票价3元")
if n>=11 and n<= 16:
    print("票价4元")
if n>=17 and n<= 20:
    print("票价5元")
```

设计测试数据　根据地铁线路站点数的多少，确定测试数据的有效范围，如2号线最多20站，则测试数据为1~20，可以选择在各区间的数字分别是4、7、12、18。

运行测试程序 按F5键运行程序，分别输入测试数据4、7、12、18，结果如下图所示。

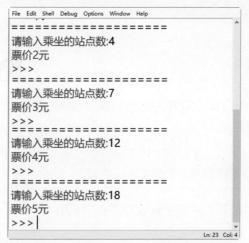

完善程序 根据地铁线路站点数的多少，选择的测试数据是4、7、12、18。如果输入小于0或大于20的数，则程序不会显示票价，也不会显示出错信息。我们可以通过添加语句的方式完善程序。结果如下图所示。

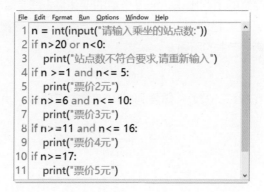

2.6.2 调试方法

编写的程序在第一次运行时出现问题很正常，我们要掌握快速找出错误的方法，缩短修改程序的时间，提高编程效率。

项目名称 **找水仙花数**

文件路径 第2章\项目\找水仙花数.py

唐小波同学编写程序，输出所有的水仙花数(这是一个三位数，这个三位数各个数位上的数字的立方和等于这个数本身，如 $153=1^3+5^3+3^3$）。程序编写完成后无法正常运行，需要调试，请帮他调试并修改程序。

$153=1^3+5^3+3^3$
是水仙花数

 项目准备

1. 提出问题

调试程序，首先要知道调试程序的方法和编写程序使用的算法，因此在学习本项目前，需要思考的问题如下。

(1) 怎样判断一个数是水仙花数？

(2) 能不能对自己编写的程序进行调试？

2. 知识准备

当测试程序时遇到逻辑错误，只根据程序运行的结果可能无法判断对错，这时可以将程序运行过程中的变量的值列出来，通过变量的变化情况来判断错误产生的原因，最常用的是"print法"，也就是使用print()函数将可能有问题的变量显示在屏幕上，根据变量的变化情况推测错误产生的原因。

3. 算法分析

找出所有的水仙花数(三位数)，需要列举出所有的三位数，再逐一进行判断，具体算法如下。

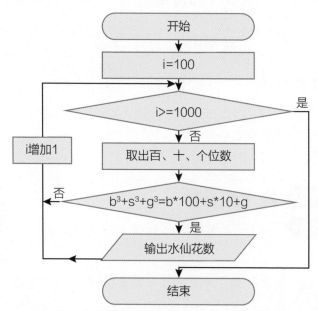

开始

i=100

i>=1000 —— 是

否

取出百、十、个位数

i增加1

$b^3+s^3+g^3=b*100+s*10+g$

否

是

输出水仙花数

结束

项目实施

1. 调试运行

调试程序，一般先运行程序，再将运行结果与自己预计的结果进行对比，判断是否有错误。

打开程序　运行Python，打开文件"找水仙花数(调试前).py"，如下图所示。

```
1  for num in range(100, 1000):
2      b = num % 100
3      s = num // 10 % 10
4      g = num-b*100-s*10
5      if b**3 + s**3 + g**3 == num:
6          print(num)
```

运行程序　按F5键运行程序，结果如右图所示。程序没有输出任何数字，可断定程序有误，因为三位数中至少有一个水仙花数153。

```
D:/第 2 章/项目/找水仙花数.py ==========
============
>>> |
```

2. 修改程序

当编写的程序代码行数较多，并且有循环，变量的值不容易观察时，按以下流程进行测试。

打印变量　为判断循环内的变量是否正确，可以在循环中添加语句，输出变量的值进行查看，操作如下图所示。

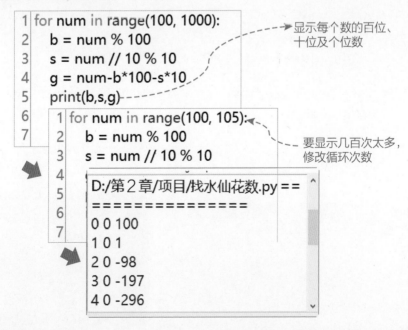

```
1  for num in range(100, 1000):
2      b = num % 100
3      s = num // 10 % 10
4      g = num-b*100-s*10
5      print(b,s,g)
6
7
```

显示每个数的百位、十位及个位数

```
1  for num in range(100, 105):
2      b = num % 100
3      s = num // 10 % 10
```

要显示几百次太多，修改循环次数

```
D:/第 2 章/项目/找水仙花数.py ==
===============
0 0 100
1 0 1
2 0 -98
3 0 -197
4 0 -296
```

分析代码　根据程序的运行结果可知，取出百位、十位、个位数时出了问题。

修改代码　修改百位、个位数的表达式，再将循环的终点改为1000，效果如下图所示。

```
1 for num in range(100, 105):
2     b = num % 100
3     s = num // 10 % 10
4     g = num-b*100-s*10
5     print(b,s,g)
6     if b**3 + s**3 + g**3 == num:
7         print(num)
```

```
1 for num in range(100, 1000):
2     b= num//100
3     s = num // 10 % 10
4     g = num % 10
5     print(b,s,g)
6     if b**3 + s**3 + g**3 == num:
7         print(num)
```

删除语句　因为循环次数较多，每次都要显示百位、十位、个位数，很难观察正确结果，所以先将第5行添加的语句print(b,s,g)删除，再运行程序。

运行程序　按F5键运行程序，结果如下图所示。由结果可知找出了所有的水仙花数，完成了程序调试。

```
=================
153
370
371
407
>>>
                          Ln: 9  Col: 4
```

保存程序　执行File→Save As命令，在弹出的"另存为"对话框中以"找水仙花数(调试后).py"为名保存文件。

第 3 章

Python 程序控制

在使用 Python 编写程序解决问题时，利用顺序结构并不能完全满足我们的需要。当程序执行时如果要对某些条件进行判断和选取，要重复完成某项工作，就需要通过分支结构、循环结构对程序进行控制。本章我们将了解什么是分支结构、循环结构，它们的基本格式是怎样的，通过具体项目学会如何使用分支结构、循环结构去解决问题，并进一步通过跳转语句来控制和优化程序，加强对结构化程序设计方法的认识。

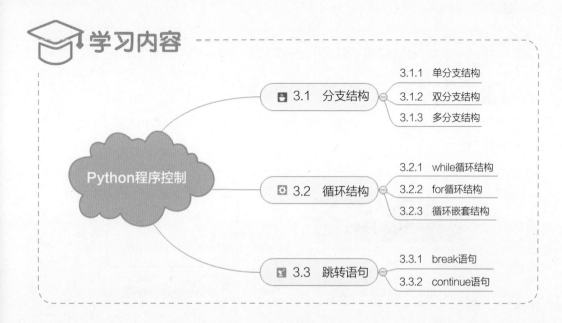

学习内容

Python程序控制

🖥 3.1 分支结构
- 3.1.1 单分支结构
- 3.1.2 双分支结构
- 3.1.3 多分支结构

⚙ 3.2 循环结构
- 3.2.1 while循环结构
- 3.2.2 for循环结构
- 3.2.3 循环嵌套结构

🔀 3.3 跳转语句
- 3.3.1 break语句
- 3.3.2 continue语句

3.1 分支结构

分支结构是先根据要求进行选择和判断，再根据判断的结果(True或False)决定程序的走向。分支结构按照分支的情况，可分为单分支结构、双分支结构和多分支结构。

3.1.1 单分支结构

在利用Python程序解决问题的过程中，当条件满足时执行相应的语句，不满足时直接执行分支后面的语句，这种情况称为单分支结构，可利用if语句来实现。

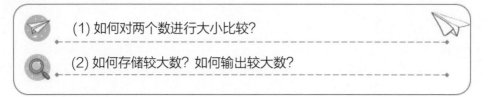

项目名称 **输出较大数**

文件路径 第3章\项目\输出较大数.py

生活中我们常常需要对数据进行比较和分析，比如比较两位同学的身高、比谁1分钟跳绳的次数多等，请编写程序求两个数中较大的数。

项目准备

1. 提出问题

你能利用Python编写程序求出两个数中较大的数吗？在学习本项目前，需要思考以下问题。

(1) 如何对两个数进行大小比较？

(2) 如何存储较大数？如何输出较大数？

2. 知识准备

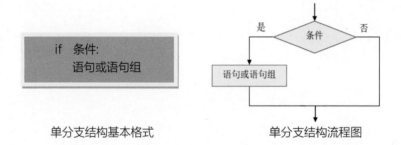

单分支结构基本格式　　　　　　　单分支结构流程图

项目规划

1. 思路分析

把第1个数先认定为较大数，用变量maxn存储。再判断第2个数是否大于maxn，如果大于，把第2个数赋值给maxn，如果不大于，maxn的值不需要改变，最后输出的maxn就是两个数中的较大数。

2. 算法设计

第一步：输入两个数n1、n2。

第二步：把第1个数n1赋值给变量maxn。

第三步：判断第2个数n2是否大于maxn，如果大于，则把n2的值赋给maxn。如果不大于，maxn的值不需要改变。

第四步：输出maxn。

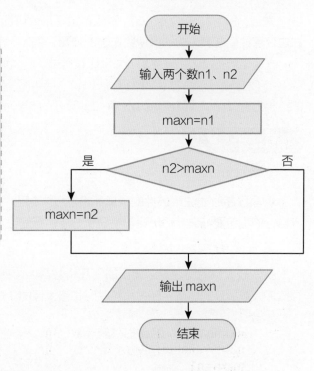

项目实施

1. 编程实现

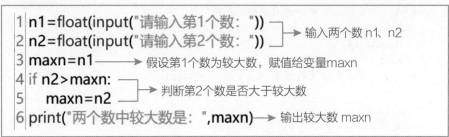

```
1 n1=float(input("请输入第1个数："))
2 n2=float(input("请输入第2个数："))
3 maxn=n1
4 if n2>maxn:
5     maxn=n2
6 print("两个数中较大数是：",maxn)
```

输入两个数 n1、n2
假设第1个数为较大数，赋值给变量maxn
判断第2个数是否大于较大数
输出较大数 maxn

2. 调试运行

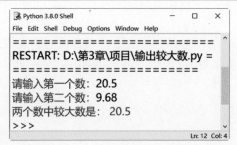

```
Python 3.8.0 Shell                    —    □    ×
File  Edit  Shell  Debug  Options  Window  Help
========================
RESTART: D:\第3章\项目\输出较大数.py =
========================
请输入第一个数：20.5
请输入第二个数：9.68
两个数中较大数是：20.5
>>>
                                        Ln: 12 Col: 4
```

项目支持

1. 数据的输入

程序通过input()函数输入两个数，但获取的数据是字符型，可使用内置函数float()将字符型数据转换成数值型数据。

2. 相关的运算符与表达式

赋值运算符与赋值表达式　对变量进行赋值可通过赋值运算符"="实现，把"="右边变量的值或表达式的值赋给左边的变量。例如：n=1，表示给变量n赋值为1。

关系运算符与关系表达式　关系比较通过">"(大于)、"<"(小于)、"=="(等于)、">="(大于等于)、"<="(小于等于)、"!="(不等于)这些关系运算符进行比较。比较的结果为真(True)或假(False)，例如：5>3，结果为真(True)。

项目提升

1. 注意事项

编写程序时要注意条件的选取和if格式的使用，在条件后要书写英文冒号"："，分支执行的语句要缩进，输出语句不属于分支执行的语句，因此要顶格书写。

2. 程序提升

在求较大数的同时要求输出的第几个数最大，那就需要一个记录序号的变量，用于存储最大数所处的位置，在书写程序时和最大值同步赋值和变化，代码如下。

```
1  n1=float(input("请输入第1个数："))
2  n2=float(input("请输入第2个数："))
3  maxn=n1
4  k=1                 # 存储最大数的位置
5  if n2>maxn:
6      maxn=n2
7      k=2
8  print("两个数中较大数是第",k,"个数：",maxn)
```

项目拓展

1. 改错题

张晓辉同学利用网络给同学们购买班服，网店给出的优惠条件是每满300元减40元，输入购买班服的数量和班服的单价，输出购买班服的总费用。其中标出的地方有错误，快来改正吧!

```
n=int(input("输入购买班服的数量： "))
m=float(input("输入班服的单价： "))
num=n*m              # 优惠前的总价
k=1 ————————— ❶
if num>=300 ————————— ❷
    k=num/300 ————————— ❸
num=num-k*40
print("总费用为： ",num)
```

错误❶：_____ 错误❷：_____ 错误❸：_____

2. 填空题

在双11期间，A网店图书打八折，B网店图书满69元优惠19元，同样的图书在哪家网店购买更优惠？下面的程序用来输入图书的原价，输出在哪家网店购买。请在横线处填上合适的语句，实现该功能。

```
n=float(input("输入图书的原价： "))
a=n*0.8          # A网店购买的价格
b=n              # B网店购买的价格
if b>=69:
    _____ ❶
ch='A'
if _____ ❷ # 判断B网店是否比A网店优惠
    ch='B'
print(_____❸)
```

3. 编程题

某外卖店便当16元每份、饮料6元每瓶、小零食8元每份，现推出优惠活动，满25元优惠5元，满48元优惠8元。编程输入每种商品购买的数量，求应付的金额。

3.1.2　双分支结构

双分支结构是根据条件判断的结果(True或False)，选择不同的语句执行，在Python语言中利用if…else语句实现。

项目名称	**加减计算练习**
文件路径	第3章\项目\加减计算练习.py

目前全国都在大力发展智慧校园，其中有一项就是利用人工智能自动批改作业，学生在完成作业后可以交给老师批改，也可以利用App自助批改。请你编程模拟自动批改功能，使其能够自动判断加减计算练习的对错。

交给老师批改　　　　　　　　　　拍照自助批改

项目准备

1. 提出问题

　　项目随机生成两个500以内的整数，随机生成"+""-"运算符，由数字和运算符组成算式。输入用户的计算结果，能让程序自动批改对错吗？想要实现自动批改的功能，需要思考以下问题。

> (1) 如何随机生成整数和"+""-"运算符？

> (2) 如何根据数字和运算符生成加法算式或减法算式？

> (3) 如何判断计算结果的对错？

2. 知识准备

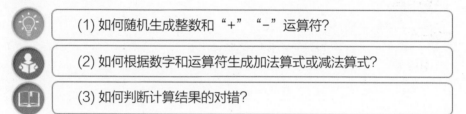

双分支结构格式　　　　　　　　　　双分支结构流程图

项目规划

1. 思路分析

　　程序利用随机函数random随机生成两个整数，随机选择"+"或"-"运算符。当运算符为"+"时，生成加法算式并计算和，反之生成减法算式并计算差。用户通过键盘输入计算结果，当结果正确时输出"回答正确"，否则输出"计算错误"。

2. 算法设计

第一步：随机生成两个500以内的整数，分别存储在变量a、b中。

第二步：随机选取"+"或"−"运算符存储在变量ch中。

第三步：判断运算符，如果为"+"，输出表达式a+b=，并把a+b的值赋给变量num；否则输出表达式a−b=，并把a−b的值赋给变量num。

第四步：用户通过键盘输入计算结果n。

第五步：判断用户的计算结果和正确结果是否一致，如果一致输出"回答正确"，不一致输出"计算错误"。

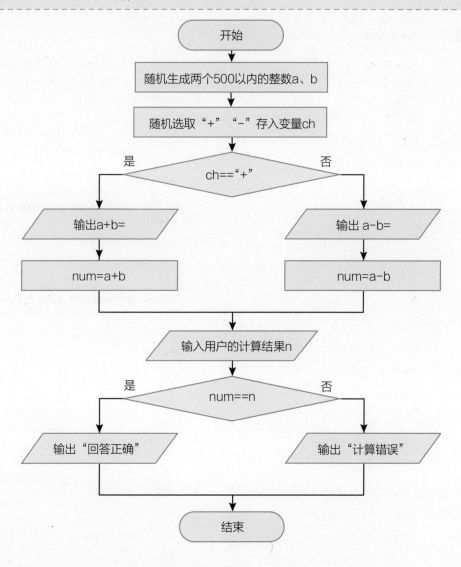

项目实施

1. 编程实现

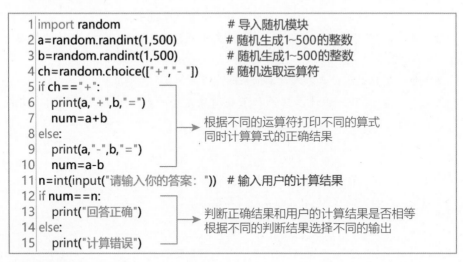

```
1  import random                      # 导入随机模块
2  a=random.randint(1,500)           # 随机生成1~500的整数
3  b=random.randint(1,500)           # 随机生成1~500的整数
4  ch=random.choice(["+","- "])      # 随机选取运算符
5  if ch=="+":
6      print(a,"+",b,"=")
7      num=a+b
8  else:
9      print(a,"-",b,"=")
10     num=a-b
11 n=int(input("请输入你的答案："))   # 输入用户的计算结果
12 if num==n:
13     print("回答正确")
14 else:
15     print("计算错误")
```

根据不同的运算符打印不同的算式
同时计算算式的正确结果

判断正确结果和用户的计算结果是否相等
根据不同的判断结果选择不同的输出

2. 调试运行

如右图所示。

项目支持

1. 双分支结构标准格式

双分支结构是对条件进行判断，条件成立执行满足条件的语句块，不成立执行不满足条件的语句块。书写时if和else位置相同，在条件和else后要书写英文冒号"："，分支执行的语句块要进行缩进，执行多行语句时每行的缩进位置要相同，Python中一般使用Tab键或4个空格进行缩进。

2. 随机函数random

功能	函数举例	说明
随机小数	random.random()	在[0,1)内随机取小数
	random.unifom(1.1,5.2)	在[1.1,5.2]内随机取小数
随机整数	random.randint(1,10)	在[1,10]内随机取整数
	random.randrange(1,10)	在[1,10)内随机取整数
	random.randrange(1,10,2)	在[1,10)内随机取奇数
随机抽取	random.choice(list)	随机抽取一个值
	random.choice(list,2)	随机抽取两个值

项目提升

1. 注意事项

程序两次使用if…else语句，第1次是根据不同的运算符显示不同的表达式和计算结果；第2次是判断用户的计算结果和正确答案是否一致，显示正确与否。编写程序时要在条件和else后书写英文冒号"："，对if及else执行的语句按规定同步缩进。

2. 程序改进

保障结果不为负数　可以对随机生成的数值进行比较，如果第2个数大于第1个数，交换两者的数值再计算。部分代码如下。

键盘输入数据计算　把随机生成的数改成从键盘输入的数，使用input()函数输入数据，通过int()函数把字符型数据转换为数值型数据，部分代码如下。

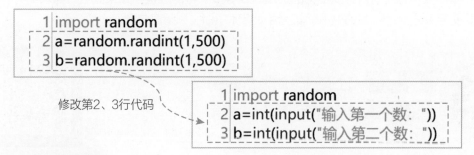

项目拓展

1. 改错题

下面的程序用来实现输入一个正整数，判断其是奇数还是偶数。其中标出的地方有错误，请修改完善程序，使其能够完成对奇偶的判断。

```
n=input("输入一个正整数： ") ——— ❶
if n//2==0: ——————— ❷
    print(n,"是一个偶数")
else ————————— ❸
    print(n,"是一个奇数")
```

错误❶：＿＿＿＿＿＿　　错误❷：＿＿＿＿＿＿　　错误❸：＿＿＿＿＿＿

2. 填空题

下面的程序用来实现输入飞船的速度，判断飞船能否起飞。由物理学知识可以得知，飞船要想起飞，速度至少要达到第一宇宙速度7.91千米/秒。程序并不完整，请在横线处填上合适的语句，完善程序。

```
v=_____❶(input("请输入飞船的速度（千米/秒）"))
if _____❷
    print("飞船速度达到要求，成功起飞。")
_____❸
    print("飞船速度未达要求，未能起飞。")
```

3. 编程题

某草莓采摘园采摘草莓的价格是每千克40元，为了吸引顾客推出优惠活动，采摘的草莓达到3千克总价打八折，请你编写一个程序，输入采摘草莓的重量，输出应付的金额。

3.1.3　多分支结构

多分支结构是对双分支结构的扩展，在分支执行的过程中如果要进行再次细分，就需要使用多分支结构。在Python语言中使用if…elif…else语句实现。

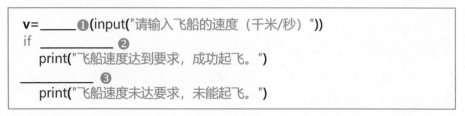

项目名称	公交卡余额提醒
文件路径	第3章\项目\公交卡余额提醒.py

张晓辉乘坐公交车时，发现刷卡机能够根据公交卡余额自动进行语音提示。扣款后当余额大于5元时发出"嘀"的声音；扣款后当余额小于5元时语音提示"余额即将不足，请及时充值"；当卡内余额不够扣款时语音提示"余额不足"。你能编程实现这个功能吗？

项目准备 ⚑

1. 提出问题

模拟刷卡机的功能，根据卡内余额输出不同的提示语，并根据乘车情况修改公交卡余额。在学习本项目前，需要思考以下问题。

(1) 要输入哪些数据?

 (2) 如何根据卡内余额输出不同的提示语?

 (3) 刷卡后公交卡金额有无变化?

2. 知识准备

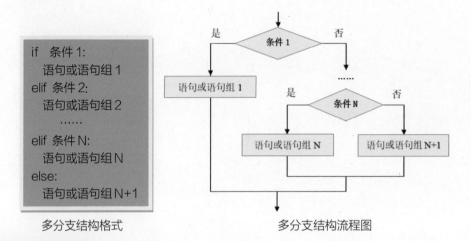

```
if  条件 1:
    语句或语句组 1
elif 条件 2:
    语句或语句组 2
    ……
elif 条件 N:
    语句或语句组 N
else:
    语句或语句组 N+1
```

多分支结构格式

多分支结构流程图

项目规划

1. 思路分析

编写"公交卡余额提醒"程序,关键是对余额进行判断。先输入公交卡的原有金额和本次乘车的应付金额,计算卡内余额,当余额>5时,输出"嘀",说明扣款成功可以乘车;当余额在0~5之间时,输出"余额即将不足,请及时充值",提醒乘客及时充值;当余额<0时,输出"余额不足",告知乘客卡内余额不能满足乘车需要。

2. 算法设计

第一步:输入公交卡的原有金额n。

第二步:输入本次乘车的应付金额s。

第三步:计算原有金额减去应付金额的差值n1。

第四步:判断n1的值,如果大于5,修改n的值,输出"嘀";如果在0~5之间,修改n的值,输出"余额即将不足,请及时充值";如果小于0,输出"余额不足"。

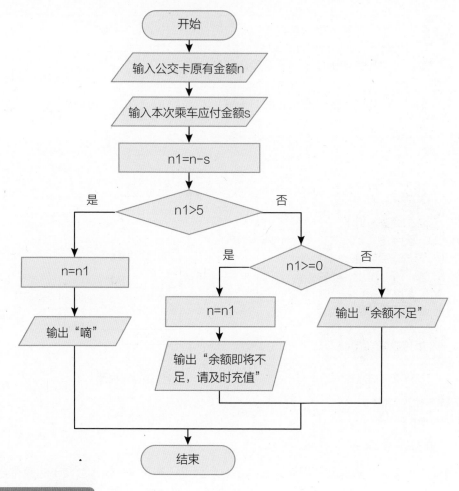

项目实施

1. 编程实现

```
1 n=float(input("输入公交卡原有金额："))  → 将公交卡的原有金额放到变量n中
2 s=float(input("输入本次乘车应付金额：")) → 将本次乘车的应付金额放到变量s中
3 n1=n-s                # 计算扣费后金额
4 if n1>5:              # 余额大于5时
5     n=n1
6     print("嘀")
7 elif n1>=0:           # 余额大于等于0
8     n=n1
9     print("余额即将不足，请及时充值")
10 else:                # 余额小于0
11     print("余额不足")
```

当余额大于5时
卡内余额改变、并输出提示语

当余额在0～5之间时
卡内余额改变、并输出提示语

当余额小于0时
卡内余额不变、只输出提示语

2. 调试运行

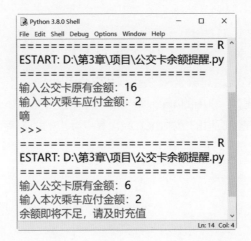

项目提升

1. 注意事项

程序设计的重点是对扣款后的余额进行判断，根据不同的余额输出不同的提示语。编写程序时要注意多分支结构if…elif…else格式的使用，以及每个分支条件的设置。对输入的数据要使用float()函数进行转化。注意当卡内的原有金额不够乘车时，卡内金额不变。

2. 程序改进

判断输入的数是不是负数　可以使用分支结构，如果输入的公交卡原有金额和乘车应付金额均大于0，则按原程序运行，否则要求重新输入数据测试，部分代码如下。

```python
n=float(input("输入公交卡原有金额："))
s=float(input("输入本次乘车应付金额："))
if  (n>0) and (s>0):
    编程实现第3～11行代码
else:
    print("输入数据有误，请重新输入。")
```

判断输入金额的小数点位数是否超过两位　公交卡原有金额和乘车应付金额最小到分，可以使用分支结构判断输入金额的小数点位数是否超过两位，部分代码如下。

```python
n=float(input("输入公交卡原有金额："))
s=float(input("输入本次乘车应付金额："))
xiaoshu1=n*100-n*100//1
xiaoshu2=s*100-s*100//1
if  (xiaoshu1==0) and (xiaoshu2==0):
    编程实现第3～11行代码
else:
    print("输入数据有误，请重新输入。")
```

项目拓展 🖥️

1. 改错题

某城市地铁起步价2元，可乘坐8公里；乘坐8公里以上，14公里(含)以内的3元；乘坐14公里以上，21公里(含)以内的4元；乘坐21公里以上的5元。下面的程序用来实现输入乘坐地铁的距离s，输出应付的金额money。其中标出的地方有错误，快来改正吧！

```
s=float(input("输入乘坐地铁的距离："))
if  s>=8:          _____❶
    money=2
elif s<=14:
    money=3
elif s<=21:
    money=4
elif:             _____❷
    money=5
print("您应付的金额为：",s,"元")_____❸
```

错误❶：_____   错误❷：_____   错误❸：_____

2. 填空题

某城市网约车收费标准如下：2.5公里内收起步价10元，超过2.5公里每公里收费1.6元，超过10公里后每公里再加收返程费0.7元，输入行驶公里数n，输出应付金额num。请在横线处填上合适的语句，实现自动计费的功能。

```
n=float(input("输入行驶公里数："))
if _____ ❶
    num=10
elif n<=10:
    _____ ❷
_____ ❸
    num=10+(n-2.5)*2+(n-10)*0.7
print("应付金额：","%.2f"%num,"元")
```

3. 编程题

某书店推出优惠活动，购买的图书超过100元打9.5折；超过200元打8.5折；超过300元打8折。请你编写一个程序，输入购买图书的总价，输出应付的金额。

3.2　循环结构

有时为了解决问题，需要重复执行某部分内容，这种控制结构称为循环结构。循环结构既可以按条件来控制，也可以按次数来控制，直到条件不满足或超过循环次数时结束循环，通常使用while语句和for语句来实现。

3.2.1　while循环结构

while循环结构先对控制循环的条件进行判断，如果条件成立则执行循环体，执行完后再次判断控制循环的条件是否成立，条件成立再次执行循环体，直到条件不成立，结束循环进入循环后面的语句。

项目名称	**收益翻倍**
文件路径	第3章\项目\收益翻倍.py

现代社会，理财产品五花八门，如果投入10万元购买理财产品，把每年的收益继续投入购买该款理财产品，那需要多少年收益才能翻倍呢？

项目准备

1. 提出问题

输入理财产品的年收益率，在年收益率固定不变的情况下，你能利用Python编写程序求出多少年收益才能翻倍吗？在学习本项目前，需要思考以下问题。

　(1) 如何计算每年的收益？

　(2) 如何将累计收益与本金进行比较？

　(3) 怎样统计收益翻倍需要的投资年数？

2. 知识准备

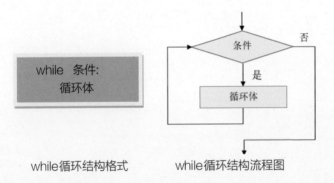

while循环结构格式　　　while循环结构流程图

项目规划

1. 思路分析

根据每年的资金计算本年收益，把本年收益计入累计收益，判断累计收益是否小于本金。如果小于进入下一年度，再把收益计入下一年的资金总额里，计算下一年的收益和累计收益，如此重复计算，直到累计收益不小于本金。

2. 算法设计

第一步：输入年收益率a。

第二步：给累计收益money和年数year赋初值为0。

第三步：判断累计收益money是否小于本金，如果小于本金跳转到第四步，如果大于等于本金跳转到第五步。

第四步：计算累计收益，年数year加1，回到第三步。

第五步：输出年数year。

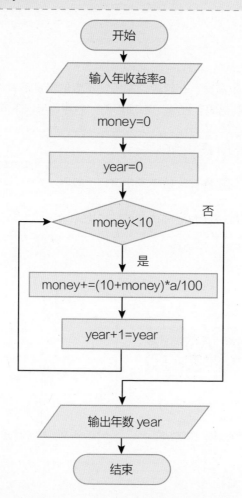

项目实施

1. 编程实现

```
1 a=float(input("输入理财产品的年收益率%: "))
2 money=0        # 累计收益初值为0
3 year=0         # 投资年数初值为0
4 while money<10:          ——→ 判断累计收益是否小于本金
5     money+=(10+money)*a/100  ——→ 计算累计收益
6     year+=1                  ——→ 投资年数+1
7 print("收益翻倍需要",year,"年")
```

2. 调试运行

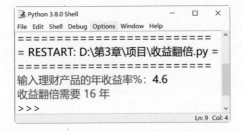

项目提升

1. 注意事项

程序利用while循环语句来实现，把累计收益作为循环变量，控制循环的执行。在循环内计算累计收益和投资年数，当累计收益大于等于本金时退出循环，输出收益翻倍需要的年数。while循环是条件控制循环，在循环体内要有控制循环条件的语句，防止程序出现死循环。

2. 程序提升

判断输入的年收益率是否大于0　如果输入的年收益率小于等于0，程序会出现死循环。可以使用选择结构，对输入的数据进行判断，部分代码如下。

```
a=float(input("输入理财产品的年收益率%:"))
if a>0:
    编程实现第2～7行代码
else:
    print("你输入的数据有误，请重新输入。")
```

年收益率不同　把年收益率放入循环体内，与年数、累计收益同步处理，从而实现年收益率不同时的计算，代码如下。

```
1  money=0        # 存储累计收益
2  year=0
3  while money<10:
4      year+=1
5      print("第",year,"年: ",end=" ")
6      a=float(input("输入理财产品的年收益率%:"))
7      money+=(10+money)*a/100
8      print("当前累计收益: ",money)
9  print("收益翻倍需要的年数为: ",year)
```

项目拓展

1. 改错题

张晓辉同学第一天背诵30个单词，第二天背诵35个单词，以后每天都比前一天多背诵5个单词，下面的程序用来求他多少天能够背诵500个单词。其中标出的地方有错误，快来改正吧！

```
num=0                # 背诵单词总数
n=30                 # 每天背诵单词数
k=0                  # 背诵的天数
while num>500:  _____❶
   k+=1
   num+=1     _____❷
   n-=5       _____❸
print("背诵500个单词需要的天数为: ",k)
```

错误❶: _____   错误❷: _____   错误❸: _____

2. 填空题

下面的程序用来求两个正整数的最小公倍数。用大数的1倍、2倍、3倍……不停地除以小数，第一个能除尽的数就是最小公倍数。请在横线处填上合适的语句，实现该功能。

```
a=int(input("输入第一个正整数: "))
b=int(input("输入第二个正整数: "))
if a<b:
   t=a
   a=b
   _____❶
m=a
while m % b>0:
   _____❷
print("最小公倍数是: ",____) ❸
```

3. 编程题

因子分析法是处理数据的一种统计方法，求数据的因子有利于进行因子分析。现在请编写一个程序，要求输入一个正整数，输出这个整数的所有因子。

3.2.2　for循环结构

for循环结构逐一访问序列中的元素，利用循环变量控制程序的执行，当循环变量在序列中时执行循环体，不在序列中时结束循环。

项目名称	**计算阶乘**
文件路径	第3章\项目\计算阶乘.py

阶乘是基斯顿·卡曼于1808年发明的运算符号，自然数n的阶乘写作n!。一个正整数的阶乘(factorial)是所有小于及等于该数的正整数的积，规定0的阶乘为1。编写程序实现，输入一个整数，求这个数的阶乘。

项目准备

1. 提出问题

想要求一个数的阶乘，需要思考以下问题。

　(1) 如何取从1到该数自身的整数？

　(2) 如何对取到的数进行累乘？

2. 知识准备

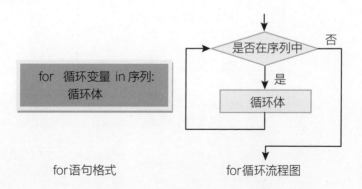

for语句格式　　　　　for循环流程图

项目规划

1. 思路分析

计算阶乘，先输入一个整数，同时给结果变量赋初值为1。利用for循环访问列表中的数字[1,…,输入的数值]，用循环变量代表取到的数字，逐一乘以结果变量，最终得到的数就是要求的阶乘。

2. 算法设计

第一步：输入整数n。

第二步：给累乘的结果变量fact_n赋初值为1。

第三步：使变量value_n从1开始进行逐一测试，当value_n属于列表[1,…,n]时，进入第四步，否则进入第五步。

第四步：计算变量value_n与变量fact_n的积，并把结果赋给变量fact_n，回到第三步。

第五步：输出阶乘fact_n。

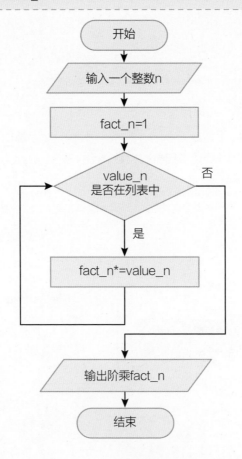

项目实施

1. 编程实现

```
1 n=int(input("输入一个整数： "))  # 从键盘输入数值赋值给变量n
2 fact_n=1                        # 给阶乘赋初值为1
3 for value_n in range(1,n+1):    # 利用range()函数取数字1~n
4     fact_n*=value_n            # 把每次取到的数字进行累乘
5 print(n,"的阶乘为： ",fact_n)
```

2. 调试运行

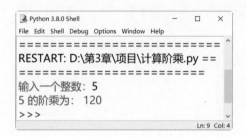

项目支持

1. 数据的输入

程序通过input()函数输入数据，但获取的数据是字符型，使用内置函数int()可以将字符型数据转换成整型数据。

2. range()函数

range()函数可创建一个整数列表，基本格式为：range(start, stop[, step])。创建的列表是从start(默认值为0)开始到stop前一个数结束，不包括stop，step代表步长，默认值为1，可省略不写。

例如，range(5)创建的列表是[0,1,2,3,4]，和range(0,5)、range(0,5,1)创建的列表是一致的。range(0,5,2)创建的列表是[0,2,4]。range(5,0,-1)可以实现降序，创建的列表是[5,4,3,2,1]。

项目提升

1. 注意事项

程序通过range()函数创建列表[1,…,n]，注意range()函数的取值参数为(1,n+1)。程序利用for语句对列表[1,…,n]中的数进行逐一测试，在循环体内对循环变量进行累乘。因为是累乘，所以在循环之前给存储结果的变量赋初值为1。

2. 程序提升

判断输入的数据能否满足阶乘条件　可以使用选择结构，如果输入的数大于等于0，可以计算阶乘，如果小于则重新输入数据，代码如下。

```
1 n=int(input("输入一个整数："))
2 if n>0:
3    fact_n=1
4    for value_n in range(1,n+1):
5       fact_n*=value_n
6    print(n,"的阶乘为：",fact_n)
7 else:
8    print("数据输入有误，请重新输入。")
```

显示计算的全过程　在循环体中增加输出语句，把每一步计算的结果输出，更直观地了解阶乘计算的每一个过程，代码如下。

```
1 n=int(input("输入一个整数："))
2 fact_n=1
3 for value_n in range(1,n+1):
4    fact_n*=value_n
5    print(value_n,"—",fact_n)
6 print(n,"的阶乘为：",fact_n)
```

项目拓展

1. 改错题

下面的程序用来求1～n中所有奇数的和。在编写程序代码时，标出的地方有错误，快来改正吧!

```
n=float(input("请输入一个整数："))———❶
s=0
for i in  (1,n+1,2):       ———————❷
   s=s+1            ———————————❸
print(s)
```

错误❶：_____　　　错误❷：_____　　　错误❸：_____

2. 填空题

某款理财App不限制投资金额，每天都有收益(四舍五入，保留到分)，每天的收益都计入本金。某款产品年收益率为2.68%，如果维持这个利率不变，输入投资的金额和天数，输出获得的收益。请在横线处填上合适的语句，实现计算理财收益的功能。

```
money=_____❶(input("输入你投资的金额："))
day=int(input("输入你投资的天数："))
income=0                                  # 存储每天的收益
s=0                                       # 存储累计收益
for i _____❷ range(1,day+1):
    income=round(money*2.68/100/365,2)    # 计算每天的收益
    money+=income                         # 计算当前总金额
    s+=_____❸                            # 累计收益
print("%.2f"%s)                           # 输出收益保留两位小数
```

3. 编程题

利用Python编写程序，输入正整数n，输出1～n中所有的偶数，并要求输出的数据每5个换一行。

■ 3.2.3　循环嵌套结构

有时为了解决问题需要在循环结构的内部再次使用循环结构，这种结构称为循环嵌套结构。循环嵌套是一种多重循环的结构，分为外循环和内循环，外循环执行一次，内循环完整地执行一遍。

项目名称	**求完美数**
文件路径	第3章\项目\求完美数.py

张晓辉同学听说数学里有一种特殊的自然数叫完美数。完美数的真因子(即除了自身以外的约数)的和，恰好等于它本身。例如：1+2+3=6，6就是一个完美数。你能告诉他哪些数是完美数吗？

项目准备

1. 提出问题

能不能编写程序，输入一个自然数n，求1~n中所有的完美数。想要完成项目中的任务，需要思考以下问题。

 (1) 如何求一个数的真因子？

 (2) 如何判断一个数是完美数？

 (3) 如何逐个判断1~n是不是完美数？

2. 知识准备

如右图所示。

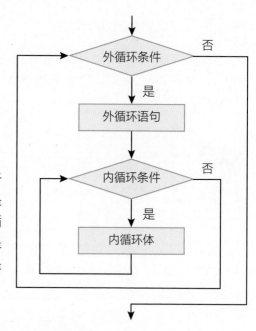

项目规划

1. 思路分析

程序需要通过循环嵌套来实现。对于输入的数字n，从1~n逐一进行测试，这是外循环；求每一个数真因子的和，这是内循环。每一个内循环结束，判断真因子的和是否等于这个数本身，如果相等，这个数就是完美数。

2. 算法设计

第一步：输入自然数n。

第二步：使变量i从数字1开始逐一进行测试，当i属于列表[1,…,n]，进入第三步，否则进入第七步。

第三步：变量s代表真因子的和，赋初值为0。

第四步：使变量j从数字1开始逐一进行测试，当j属于列表[1,…,i-1]时，进入第五步，否则进入第六步。

第五步：判断j是不是i的真因子，如果是，变量s+=j。回到第四步。

第六步：判断真因子的和s是否等于i，如果相等则输出i。回到第二步。

第七步：结束程序。

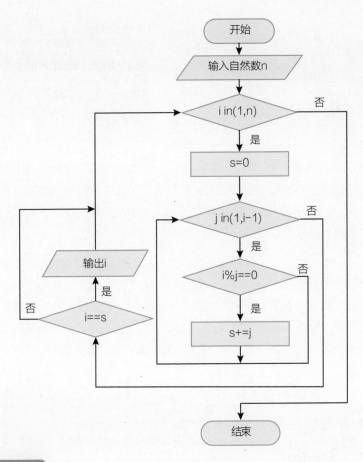

项目实施

1. 编程实现

```
1  n=int(input("输入一个整数: "))
2  for i in range(1,n+1):      # 外循环,从1到n进行测试
3      s=0                     #变量s用于存储每个数的真因子之和
4      for j in range(1,i):    # 内循环,从1到i-1进行测试
5          if i%j==0:          # 判断是否为真因子
6              s+=j
7      if i==s:                # 判断该数与它的真因子之和是否相等
8          print(i,"是完美数")
```

2. 调试运行

如右图所示。

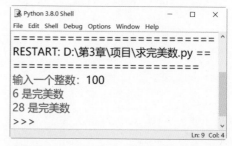

项目提升 ✒

1. 注意事项

程序使用了循环嵌套，外循环变量i是对1～n中的数字进行枚举，内循环变量j从1到i-1逐个取数，通过能否整除判断是否为i的真因子，注意内循环的范围由外循环控制。外循环每改变一次，真因子之和s都要重新赋值为0，防止上一个数据计算完后没有清零干扰下一个数据的计算。

2. 程序提升

由于循环嵌套执行的次数是n的平方级别，可优化程序减少循环的次数。由于真因子是不包括自身的约数，内循环只需对1到数的一半范围内的整数进行测试即可。目前已知的完美数都是偶数，只需对偶数进行测试，通过判断语句也可减少循环的次数。

减少真因子测试范围　使内循环的循环次数缩减一半，代码如下。

```
1 n=int(input("输入一个整数："))
2 for i in range(1,n+1):
3    s=0
4    k=int(i/2)              # 对i/2向下取整，减少测试范围
5    for j in range(1,k+1):  # 内循环，使j从1～k进行测试
6       if i%j==0:
7          s+=j
8    if i==s:
9       print(i,"是完美数")
```

只对偶数进行判断　对输入数据范围内的偶数进行判断，代码如下。

```
1 n=int(input("输入一个整数："))
2 for i in range(2,n+1,2):          # 取1～n中的偶数
3    s=0
4    for j in range(1,i):
5       if i%j==0:
6          s+=j
7    if i==s:
8       print(i,"是完美数")
```

项目拓展 🖥

1. 改错题

下面的程序能够生成三角形图案，下图是n为5时打印的三角形图案。程序需要逐行

输出，先输出空格，再输出每行的星号。其中标出的地方有错误，快来改正吧！

```
n=float(input("输入行数：")) ——— ❶
for i in (1,n+1):      ——— ❷    # 从第1行到第n行
    j=0
    while j<n-i:                # 输出空格
        print(" ",end="")
        j+=1
    k=2*i+1  ——— ❸             # 每行星号的个数
    print("*"*k)               # 输出k个星号
```

错误❶：_____　　错误❷：_____　　错误❸：_____

2. 填空题

在生活中我们常常对数据进行排列组合，有效地排列能够加强对数据的认知，同时锻炼思维和计算能力。下面的程序用来列举由1、2、3组成的互不相同且无重复数字的三位数，并且可以求出一共有多少个数。请在横线处填上合适的语句，实现数据排列的功能。

```
num=0
for a in range(1,4):
    for b in range(1,4):
        for c in range(1,4):
            if (a!=b) and (_____) and (a!=c):  ❶
                print(a*100+b*10+c)
                num +=_____  ❷
print('互不相同且无重复数字的三位数', _____,'个')  ❸
```

3. 编程题

网线作为网络连接必不可少的设备，根据连接设备位置的不同，需要不同的长度。如果请你把长为100米的网线，截成长1米、2米、5米三种长度使用。要求正好把网线用完，每种长度至少使用一次，应该如何截取？试编程计算一共有多少种截法？

3.3　跳转语句

循环结构对符合条件的所有循环变量逐一枚举，当条件满足时就会一直进行下去，当我们需要跳出循环时就要对循环进行控制。Python中利用break语句和continue语句控制循环的进程，break语句用来结束当前循环，continue语句用来退出本次循环，执行下一次循环。

3.3.1　break语句

利用循环语句解决问题时，当在循环执行的过程中已经找到答案或者明确后面的循环不再需要时，可以通过break语句结束当前循环，程序跳出当前循环后，继续执行循环后面的语句。

项目名称	**判断素数**
文件路径	第3章\项目\判断素数.py

素数又称质数，它是一个大于1的自然数，除了1和它自身以外，不能被其他自然数整除。例如，23只能被1和23整除，23就是一个素数。编写程序，判断输入的数是不是素数。

项目准备

1. 提出问题

编写"判断素数"程序，输入一个数，输出这个数是不是素数。要求在程序设计的过程中，对程序进行优化，减少循环的执行次数。因此在学习本项目前，需要思考以下问题。

(1) 如何判断一个数是不是素数？

(2) 在什么情况下不需要再继续测试？

(3) 如何跳出循环语句？

2. 知识准备

Python程序中break语句用来中止当前循环，break语句能够提高程序的效率，同时又不破坏程序的良好结构。编写"判断素数"程序，在进行判断的过程中，只要找到一个能够整除的数，后面的数就不需要再进行计算了，可以使用break语句跳出循环。

项目规划

1. 思路分析

输入一个数n，先假设该数是素数，用值为1的标识符代表，再逐个判断从2到n-1能否整除n。如果全部不能整除，标识符的值不变，只要有一个数能整除n，改变标识符的值，同时跳出循环。最后根据标识符的值进行判断，输出是否为素数。

2. 算法设计

第一步：输入一个整数n。

第二步：假定该数是素数，给标识符judge_n赋值为1。

第三步：使变量i从数字2开始逐一进行测试，当i属于列表[2,…,n-1]时，进入第四步，否则进入第五步。

第四步：判断i能否整除n，如果能够整除，给标识符judge_n赋值为0，同时跳出循环，进入第五步，否则回到第三步。

第五步：根据标识符judge_n的值进行判断，值为1输出"n是素数"，否则输出"n不是素数"。

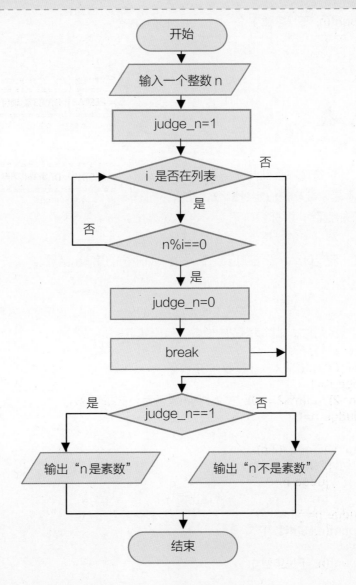

项目实施

1. 编程实现

```
1  n=int(input("输入一个整数："))
2  judge_n=1               # 先假定n是素数，用值1表示
3  for i in range(2,n):
4      if n%i==0:          # 判断i能否整除n
5          judge_n=0       # 标识符的值发生变化
6          break           # 跳出循环
7  if judge_n==1:
8      print(n,"是素数")
9  else:
10     print(n,"不是素数")
```

利用循环结构从2到n-1逐个判断能否整除n，如果能，标识符的值发生变化，同时跳出循环

利用选择结构进行判断，当judge_n的值为1时输出"n是素数"，否则输出"n不是素数"

2. 调试运行

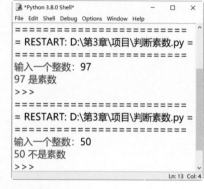

项目提升

1. 注意事项

程序设立标识符用来存储判断结果，用1表示是素数、0表示不是素数。先假定是素数，在循环判断时，如果都不能整除，则标识符不变。当出现某个数能够整除时，将标识符赋值为0，此时后面的计算已经没有意义，使用break语句跳出循环，根据标识符的值输出结果。

2. 程序提升

排除所有大于2的偶数　大于2的偶数都是2的倍数，所以大于2的偶数肯定不是素数。可以使用选择结构，排除大于2的偶数，代码如下。

```
1  n=int(input("输入一个整数："))
2  judge_n=1
3  if (n>2)and(n%2==0):     # 判断n是否为大于2的偶数
4      judge_n=0
5  else:
6      for i in range(2,n):
7          if n%i==0:
8              judge_n=0
9              break              # 跳出循环
10 if judge_n==1:
11     print(n,"是素数")
12 else:
13     print(n,"不是素数")
```

减少循环次数　由数学知识得知，判断一个数是不是素数，只需要从2到$\sqrt{n}$的整数部分进行测试即可，减少了循环次数，提高了程序运行的效率。程序调用math模块，利用math.sqrt()函数求平方根，int()函数向下取整，部分代码如下。

```
import math          # 调入math模块
n=int(input("输入一个整数："))
judge_n=1            # 先假定n是素数，用值1表示
for i in range(2,int(math.sqrt(n))+1):
    编程实现第4～10行代码
```

项目拓展

1. 改错题

用银行卡取款时需要输入密码，连续输错3次当天就不能再输入密码。下面的程序用来模拟取款时输入密码的情况，其中标出的地方有错误，快来改正吧！

```
mima=235000      # 存储系统的银行卡密码
k=3              # 记录输入的次数
while (k>0)and(k<=3):
    n=int(input("请输入您的密码："))
    if (n!=mima):        _____❶
        print("进入取款界面。")
        break
    else _____❷
        k+=1 _____❸
        if k>0:
            print("您还有",k,"次机会。")
        else:
            print("密码输入超过次数限制。")
```

错误❶：_____　　错误❷：_____　　错误❸：_____

2. 填空题

下面的程序用来求两个正整数a和b的最大公约数。先求出a、b中的较小数并将其存放在变量gys中，再从较小数到1逐个测试能否同时整除a、b，如果能够同时整除，则这个数就是a和b的最大公约数。请在横线处填上合适的语句，实现求最大公约数的功能。

```
a=int(input("输入第一个数："))
b=int(input("输入第二个数："))
gys=a
if b<gys:
    _____❶
for i in range(gys,0,-1):
    if (a%i==0) and (_____❷):
        gys=i
        _____❸
print(gys)
```

■ 3.3.2　continue语句

continue语句也是控制循环的语句，它和break语句控制程序的方式不同，continue语句只是退出本次循环。执行时忽略continue之后的语句，回到循环的顶端，提前进入下一次循环，循环继续执行。

| 项目名称 | 歌唱比赛评分 |
| 文件路径 | 第3章\项目\歌唱比赛评分.py |

学校举办了校园歌唱比赛，5位评委根据选手的表现进行打分，打分的标准是：分数最高10分、最低0分，最后5位评委给出的平均分即为该选手的最终得分。现在请你做一名计分员，收集评委的评分，并计算选手的最终得分。

项目准备

1. 提出问题

回忆自己已掌握的知识，能不能编写程序实现：根据评委的评分计算选手的最终得分，要求结果保留两位小数。在输入每位评委的评分时，要保证分数在规定的范围内，如果超过范围则重新输入。因此在学习本项目前，需要思考以下问题。

 (1) 如何输入所有评委的评分？

 (2) 如何判断评委的评分是否符合要求？

 (3) 对不符合评分要求的分数如何重新输入？

2. 知识准备

在循环过程中使用continue语句，作用是跳出本次循环。当程序运行continue语句时，跳出当前循环的剩余语句，继续进行下一轮循环。思考"歌唱比赛评分"程序的运行结果，如果评委的分数不在规定的范围内，该数据无效，退出本次循环，重新输入数据。

项目规划

1. 思路分析

将评委的评分逐一输入，可以使用循环语句。对输入的评分进行判断，符合评分要求的进行累加求和，并继续对下一个评委的评分进行统计。不符合评分要求的使用 continue语句跳出本次循环，并重新输入数据。循环结束后计算评委给出的平均分，输出选手的得分。

2. 算法设计

第一步：给代表评委序号的变量i赋值为1。

第二步：给所有评委的评分合计赋值为0。

第三步：当评委人数未超过5人时，进入第四步，否则进入第七步。

第四步：输入当前评委的评分n。

第五步：判断分数n的取值范围是否为0～10。如果不在规定的范围内，输出"数据有误，请核实后重新输入。"，同时使用continue语句跳出当前循环，回到第三步。如果在规定的范围内，进入第六步。

第六步：把当前评委的评分计入总分s，评委序号加1，回到第三步。

第七步：计算选手的得分num。

第八步：输出选手的最终得分。

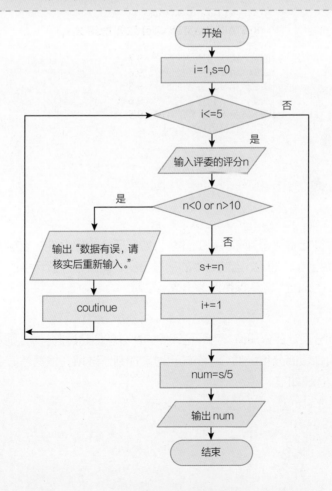

项目实施

1. 编程实现

```
1  i=1                # 从第一个评委开始
2  s=0                # 评分合计初始为0
3  while i<=5:
4      print("请输入第",i,"位评委的评分：",end="")
5      n=float(input(""))
6      if (n<0)or(n>10):
7          print("数据有误，请核实后重新输入。")
8          continue
9      s+=n            # 把当前评委的评分计入总分
10     i+=1            # 下一个评委
11 num=s/5            # 该选手的最终得分
12 print("选手的最终得分为:%.2f" %num)
```

不换行输入当前评委的评分

利用选择结构判断评分是否符合要求，如果不符合，输出"数据有误，请核实后重新输入。"并跳出当前循环

2. 调试运行

```
Python 3.8.0 Shell                         —    □    ×
File  Edit  Shell  Debug  Options  Window  Help

= RESTART: D:\第3章\项目\歌唱比赛评分.
py =
请输入第 1 位评委的评分：9.7
请输入第 2 位评委的评分：9.6
请输入第 3 位评委的评分：9.5
请输入第 4 位评委的评分：9.6
请输入第 5 位评委的评分：9.5
选手的最终得分为:9.58
>>>
                                        Ln: 25  Col: 4
```

项目提升

1. 注意事项

程序利用循环结构逐个判断评委的评分，如果评委的评分不在规定的范围内，使用continue语句跳出当前循环，当前评委的序号不变，重新输入该评委的评分。在输出时控制输出格式，"%.2f"表示保留两位小数。

2. 程序提升

给评委的评分设计评分阈值，当两位评委的评分差值超过2分时，则本次成绩交由评委重新打分。设计最高分和最低分，在输出时增加判断选项，根据差值是否大于阈值决定程序的输出，代码如下。

```
1  i=1
2  s=0
3  maxf=0        # 将最高分赋值为0，保障在输入分数后发生改变
4  minf=10       # 将最低分赋值为10，保障在输入分数后发生改变
5  while i<=5:
6      print("请输入第",i,"位评委的评分：",end="")
7      n=float(input(""))
8      if (n<0)or(n>10):
9          print("数据有误，请核实后重新输入。")
10         continue
11     if n>maxf:   # 如果当前分数大于最高分，修改最高分
12         maxf=n
13     if n<minf:   # 如果当前分数小于最低分，修改最低分
14         minf=n
15     s+=n
16     i+=1
17 if (maxf-minf>2):
18     print("超过阈值，请评委重新打分。")
19 else:
20     num=s/5
21     print("选手的最终得分为:%.2f" %num)
```

利用循环语句输入评委的评分，统计出最高分、最低分和所有评委的总分

如果最高分、最低分的差值超过评分阈值，则重新评分；没有超过阈值，则计算和输出选手的得分

项目拓展

1. 改错题

在某综艺节目里有一个报数游戏，从1开始报数，凡是末尾为7或是7的倍数则不用报，说"过"，其他数正常报。下面的程序用来模拟游戏从1到100进行报数，把报数的结果输出在屏幕上，其中标出的地方有错误，快来改正吧!

```
for i  range(1,101):  _____ ❶
    if (i%10==7 )or (i//7==0): ___❷
        print("过",end=" ")
        break      _____ ❸
    print(i,end=" ")
```

错误❶：_____　　　错误❷：_____　　　错误❸：_____

2. 填空题

输入一句英文句子，在单词之间可能有很多空格。下面的程序用来删除多余的空格，使两个单词之间只有一个空格。请在横线处填上合适的语句，实现去掉多余空格的功能。

```
st=_____ ❶("请输入一句英文句子：")
st=st.strip()           # 删除字符串两端空格
____❷=len(st)           # 计算字符串的长度
for i in range(0,d):
    if (st[i]==" ")and(st[i-1]==" "):
        _____ ❸
    print(st[i],end="")
```

第 4 章

Python 数据类型

在 Python 语言中，处理数据时会涉及不同类型的数据，它们的处理办法也不一样，例如某家商店如果要统计最近几年的收益率，就要统计年份和收益率这两种数据，它们一个是整数、一个是小数，就是不同的数据类型。除此之外，还有不是数值型的数据，例如商家如果要分商品统计收益率，就要记录商品名称这样的数据，这种就是字符串类型。本章将系统学习这些数据类型，一起感受它们的神奇之处吧！

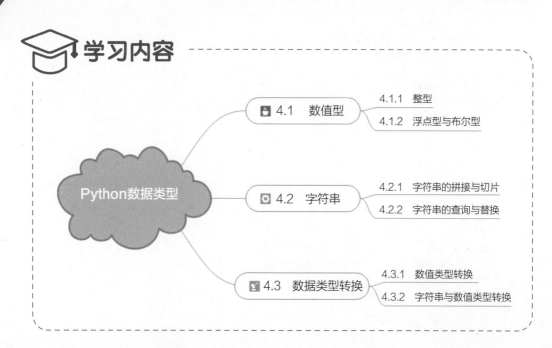

学习内容

Python数据类型

4.1 数值型
- 4.1.1 整型
- 4.1.2 浮点型与布尔型

4.2 字符串
- 4.2.1 字符串的拼接与切片
- 4.2.2 字符串的查询与替换

4.3 数据类型转换
- 4.3.1 数值类型转换
- 4.3.2 字符串与数值类型转换

4.1　数值型

数值型是常用数据类型中的一类，专门用来表示"数"，和数学中数的概念类似。数值型包含整型、浮点型和布尔型三种常见类型。

4.1.1　整型

整型(int)是最基础的数据类型，在编写程序时，一般涉及整数数据都用整型表示。例如年份、人数等诸如此类的数据。

项目名称	**韩信点兵**
文件路径	第4章\项目\韩信点兵.py

淮安民间广传着这样一则故事：秦朝末年，楚汉相争，大将军韩信率1500名将士与楚军交战，楚军不敌，败退回营，汉军也死伤四五百人，为快速统计剩余兵将人数，韩信命令士兵3人一排，结果多出2名；接着命令士兵5人一排，结果多出3名；又命令士兵7人一排，结果又多出2名。根据这些数据，如何编写程序快速计算出剩余的士兵人数？

项目准备

1. 提出问题

韩信是根据士兵的几次排队推算出来的士兵人数，排队的过程是一个求余数的算术运算，有三组数据，已知除数和余数，如何计算出被除数。请思考以下几个问题。

(1) 如何确定剩余士兵人数的范围？

(2) 如何表达"被3除余2、被5除余3、被7除余2"的条件？

2. 知识准备

整型数据的用法

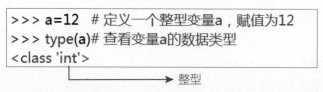

```
>>> a=12  # 定义一个整型变量a，赋值为12
>>> type(a)# 查看变量a的数据类型
<class 'int'>
```
整型

相关运算符

运算符	作用	示例
%	求余数运算	7%3的结果是1
==	判断是否相等	3==7的结果是False
and	逻辑与	7%3==1 and 3!=7的结果是True

项目规划

1. 思路分析

士兵总数1500人，死伤四五百人，首先确定剩余的士兵人数应为1000～1100人，并且人数需要同时满足：被3除余2、被5除余3、被7除余2这三个条件。所以程序可以写成：用循环结构筛选出1000～1100中满足上述三个条件的数。

2. 算法设计

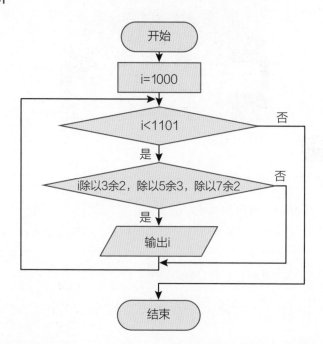

项目实施

1. 编程实现

```
1  for i in range(1000,1101):          # 循环变量i从1000～1100依次取值
2      if (i%3==2 and i%5==3 and i%7==2):
3          print ('剩余士兵数为：',i)    # 如果满足条件就输出该数字
```

2. 调试运行

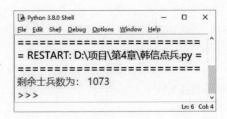

项目支持

1. 变量与数据类型

Python中变量的类型取决于变量所存储的值的类型，如a=5，其中变量a就是整型变量，若再重新执行赋值语句：a=1.5。则a就变成了浮点型(表示小数的类型)变量。

Python中有很多重要的数据类型，基本数据类型划分如下。

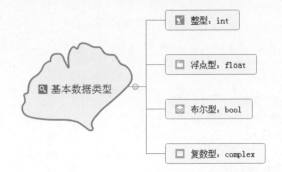

2. 整型

整型就是指整数类型，区别于带小数的数据类型。如本项目中的士兵人数就用整数类型表示。与其他语言有所不同的是，Python中的整型没有数据范围的限制，可以是很大的数字，所以Python可以很容易地进行大数据的运算。

```
>>> 111111111111111111111+1111111111111111111111
1122222222222222222222
>>>
```

项目提升 ✎

1. 程序解读

第1行是循环语句，循环变量i是整数类型，它表示士兵人数，1101是循环的上界，循环执行时不包含上界，故i从1000～1100依次取值。

第2行是条件语句，"i%3==2"语句意为：判断i除以3的余数是否为2。程序中有3个求余关系运算需要同时满足，故要用逻辑运算符"and"连接。

2. 注意事项

在for循环语句"for 循环变量 in range(初始值,终止值,步长值):"中，如果循环变量的类型是整型，那么初始值、终止值、步长值这三个参数均为整数，否则程序会出错，示例如下。

```
>>> for i in range(1.1,5.1): # 初始值为1.1，终止值为5.1
        print(i)                          小数用在range中会提示错误

Traceback (most recent call last):
  File "<pyshell#2>", line 1, in <module>
    for i in range(1.1,5.1): # 初始值为1.1，终止值为5.1
TypeError: 'float' object cannot be interpreted as an integer
>>>
```

项目拓展 🖥

1. 改错题

下面的程序段用来判断输入的数是不是素数。其中标出的地方有错误，快来改正吧！

```
n = int(input("请输入一个数:"))
g = 0   # g是一个标记变量
for i in range(1,n):  _____ ❶
    if i%2=0:  _____ ❷
        g=0   #修改标记值 _____ ❸
        print(n,"不是素数")
if g==0:
    print(n,"是素数")
```

错误❶：_____   错误❷：_____   错误❸：_____

2. 填空题

下面的程序段用来筛选100以内的所有素数。请在横线处填上合适的语句，实现输出1～100中的所有素数的功能。

```
print(2)
for i in range(3,101):
    g = 0        # g是一个标记变量
    for j in range(_____): ❶
        if _____ ==0: ❷
            g=1 # 修改标记值
    if g==0:
        print(_____) ❸
```

3. 编程题

编写一个程序实现，输入一个年份，判断该年份是不是闰年(满足闰年的条件是：年份是4的倍数但不是100的倍数，或者年份是400的倍数)。

4.1.2 浮点型与布尔型

浮点型(float)与布尔型(bool)是数值型数据中的另外两种类型。其中浮点型用来表示小数，布尔型的值只有两种：True和False。

项目名称 **用随机投点法估算圆周率**

文件路径 第4章\项目\估算圆周率.py

用随机投点法估算圆周率，就是通过大量重复的试验计算事件发生的频率，按照大数定律来求得π的近似值。在一个正方形内，随机撒一把豆子，每颗豆子落在正方形内任意一点的可能性都是相等的，落在每个区域内的豆子数跟区域的面积成正比。可以用总投点数n和落在扇形中的投点数r，估算出π的值。如何用计算机模拟投点操作估算出圆周率的值(结果保留4位小数)？

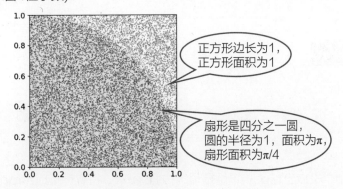

正方形边长为1，正方形面积为1

扇形是四分之一圆，圆的半径为1，面积为π，扇形面积为π/4

项目准备

1. 提出问题

编写程序模拟计算过程，先输入总投点数n，表示随机生成n个投点，再统计落在扇形区域内的投点数r，最后计算圆周率，输出结果保留4位小数。请思考以下几个问题。

 (1) 如何随机生成一个点的坐标？

 (2) 如何判断一个点是否在扇形区域内？

 (3) 如何保留4位小数？

2. 知识准备

生成随机数　可调用Python标准库random模块提供的random函数，它可以随机生成一个[0,1)内的实数。

```
>>> from random import random #导入random模块中的random函数
>>> x=random() #随机生成一个数字赋值给x
>>> print(x)
0.18022301519630446
```

根据n和r推算π　图中正方形面积为1，扇形是单位圆的四分之一，其面积为π/4。n是总投点数，r是落在扇形区域内的投点数，落在每个区域内的投点数跟区域的面积成正比，公式推导过程如下。

$$因为：\quad \frac{r}{n} \approx \frac{S_{扇}}{S_{正}} = \frac{\frac{\pi}{4}}{1} = \frac{\pi}{4}$$

$$所以：\quad \pi \approx \frac{4r}{n}$$

项目规划

1. 思路分析

在边长为1的正方形中，随机生成几个投点，统计出落在扇形区域内的投点数r，再根据公式：π=4*r/n，计算圆周率π，输出结果保留4位小数。对该过程中的两个难点分析如下。

随机生成n个投点坐标(x,y)　用循环结构循环n次，每次循环时用random()函数随机生成两个数。

判断一个点是否在扇形区域内　由于平面直角坐标系内圆的方程为$x^2+y^2=1$，所以，对于一个点(x,y)（x,y的范围均为$[0,1)$），只要满足$x^2+y^2<=1$，该点就在扇形区域内，同时，扇形区域内的投点数r的值增加1。

2. 算法设计

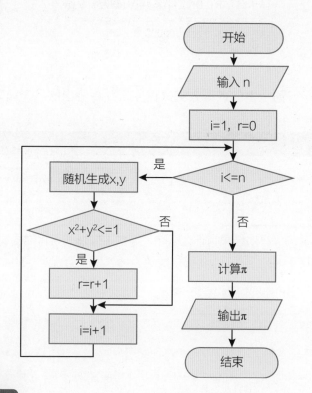

项目实施

1. 编程实现

```
1  from random import random        #导入随机函数的标准库
2  n=int(input("请输入总投点数："))
3  r=0                              #记录落在扇形区域内的投点数
4  for i in range(n):
5      x,y=random(),random()        #随机生成两个[0,1)内的实数
6      if(x*x+y*y<=1):
7          r=r+1
8  pi=4*(r/n)                       #计算圆周率pi
9  print("圆周率约为：%.4f"%pi)       #输出圆周率pi，保留4位小数
```

2. 调试运行

测一测 请用下列给出的数据去测试程序，并将输出的结果填写在相应的单元格内。

序号	输入 n	输出 pi
1	10000	
2	100000	
3	1000000	

想一想 n的值的大小对结果有什么影响，哪些更加精确，将你发现的规律或得出的结果填写在下面的方框中。

项目支持

1. 布尔型

布尔型的数据只有两种：True和False。表示"真"和"假"，多用于表示关系运算或逻辑运算的结果。项目中条件表达式"x*x+y*y<1"的结果就是布尔型，可以把布尔型当作特殊的整型，True表示为1，False表示为0。

2. 浮点型

Python中将带小数点的数都称为浮点数，有无小数部分也是浮点型与整型的唯一区别。在使用浮点型数据的过程中要注意精度问题，可以将字符串格式化保留小数位数。

```
>>> a=0.2+0.1
>>> print(a)
0.30000000000000004
>>> print('%.1f'%a)  # 1表示保留一位小数
0.3
```

项目提升

1. 程序解读

第4行，估算圆周率需要用到大量的投点数据，程序用循环语句模拟重复n次投点操作。

第6行，判断每次投点所落入的区域，用关系表达式"x*x+y*y<=1"进行判断。

第9行为输出语句，其中"%.4f"表示保留4位小数。

2. 程序改进

程序中的条件语句：

$$if(x*x+y*y<=1):$$
$$r=r+1$$

意为：若关系表达式x*x+y*y<=1成立(值为True)，则执行r=r+1。根据浮点数的取值规律，成立取值为1，不成立取值为0，可以将程序改为r=r+(x*x+y*y<=1)，不用进行判断，代码如下。

```
1  from random import random
2  n=int(input("请输入总投点数："))
3  r=0          # 落在扇形区域内的投点数
4  for i in range(n):
5     x,y=random(),random()
6     r=r+(x*x+y*y<=1)      → 不进行判断，
                              直接加布尔型结果
7  pi=4*(r/n)  # 计算圆周率
8  print("圆周率约为：%.4f"%pi)# 保留4位小数
```

项目拓展

1. 改错题

下面的程序用来实现，求出班级同学的平均年龄，结果保留两位小数，其中标出的地方有错误，快来改正吧！

```
n=int(input("请输入班级人数："))
sum=1 _____ ❶
for i in range(n):
    print("请输入第", i +1, "个人的年龄：",end="")
    sum=int(input(""))  _____ ❷
ave=sum/n
print("班级同学的平均年龄为：%f"%ave) _____ ❸
```

错误❶：_____　错误❷：_____　错误❸：_____

2. 填空题

三种纪念品的单价分别是1.9元、1.6元、0.9元，每种纪念品只有10件，李老师有n元钱(n<=40)，最多能买多少件纪念品？请在括号内填上合适的语句，实现输入数字n，输出能买到纪念品的最大数量。

```python
n=int(input("请输入n:"))
num=0                    # 记录能购买的纪念品数
if(n>=(0.9+1.6)*10):     # 能把0.9和1.6两种价格的纪念品买完
    num=20+(____)//1.9 ❶
elif(____):     ❷        # 价格为0.9的纪念品买不完
    num=n//0.9
else:
    num=10+(n-10)//1.6   # 价格1.6的纪念品只能买一部分
print("能购买的最大数量：",int(____)) ❸
```

3. 编程题

完全平方数是一种很美妙的数字，如 4、9、16……这样的数字，它们都是某些数自身的平方值(如4=2*2、9=3*3)。现有一个整数x，它加上100和加上268后都是一个完全平方数，试编程找出这个数(x<=100)。

4.2 字符串

字符串(str)是由零个或多个字符组成的序列，用单引号、双引号或者三引号引起来，内容可以是任意文本，如'hello'、"123"、'''abc123'''等。运用字符串能更方便地处理数据，可以精确查询数据、快速提取信息等。

4.2.1 字符串的拼接与切片

字符串的拼接和切片在数据处理时是比较常用的操作，例如，对多个字符串进行组合可以用拼接操作，对长字符串中部分关键信息的提取可以用切片操作。

项目名称	**从身份证号码中提取信息**
文件路径	第4章\项目\提取信息.py

每位中国公民的身份证号码都有18位数字，小小一长串字符，隐藏的信息却不少，18位身份证号码由6位数字地址码、8位出生日期码、3位数字顺序码和1位校验码组成。

其中第17位还隐藏着性别信息，奇数为男性，偶数为女性。如何从一个身份证号码中直接提取出出生日期及性别信息呢？

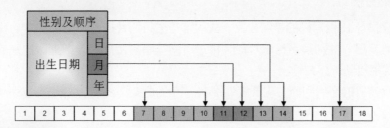

项目准备

1. 提出问题

从某位公民的身份证号码字符串中，提取出该公民的出生日期以及性别信息，输出格式为：××××年××月××日，性别为×。请先思考以下几个问题。

 (1) 如何提取出身份证号码中的出生日期字符？

 (2) 如何把提取出的信息按照标准格式输出？

 (3) 如何判断性别？

2. 知识准备

字符串变量　类似于其他程序语言中的字符数组，可以直接使用下标索引对应的字符。特别强调，下标从0开始，若下标为2，则查看的是字符串中的第三个字符，示例如右图。

```
>>> a='abc123' #赋值字符串变量
>>> type(a)
<class 'str'>
>>> a[2]#查看a中的第三个字符
'c'
```

字符串切片　在字符串中，可以用下标访问单个字符，也可以用下标区间来获取一段子串，称之为字符串切片，示例如右图。

```
>>> a="1234567"
>>> a[3:6]#读取第4到第6位
'456'
```

字符串拼接　将多个字符串拼接到一起称之为字符串拼接，在Python中可以用"+"拼接两个字符串，示例如右图。

```
>>> a='abc'
>>> b='123'
>>> c=a+b+'456'
>>> c
'abc123456'
```

项目规划

1. 思路分析

根据身份证18位号码的字符含义，先对字符进行切片操作，从18位字符串中分别提取出年、月、日、性别等字符串片段，再进行字符串拼接操作，把提取出来的信息按照规定的格式拼接到一起并输出。

对性别字符的奇偶判断，需要将性别字符转换成整型，再除以2进行求余运算，判断余数是否为0。

用到的变量

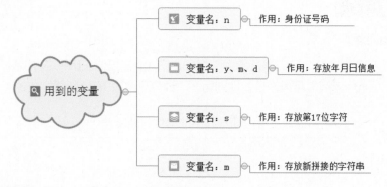

2. 算法设计

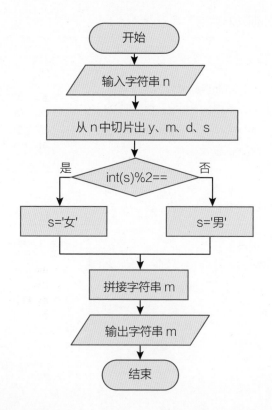

项目实施

1. 编程实现

```
 1  n=input("请输入身份证号码：")
 2  y=n[6:10]
 3  m=n[10:12]        ────────────→ 字符串切片，取出年月日
 4  d=n[12:14]
 5  s=n[16]           ────────────→ 取出第17位
 6  if(int(s)%2==0):  ────────────→ 把s转化成整型，判断奇偶
 7      s='女'
 8  else:
 9      s='男'
10  m=y+'年'+m+'月'+d+'日'+'，性别为 '+s ──→ 拼接新的字符串
11  print(m)
```

2. 调试运行

```
= RESTART: D:\项目\第4章\提取信息.py =

请输入身份证号：341221199208084576
1992年08月08日，性别为男
>>>
```

项目支持

1. 字符串的拼接方法

用"+"拼接　把加号后面的字符串拼接到加号前面的字符串后，需要保证连接的变量都是字符串类型，否则会出错。

```
>>> print('abc'+123)
Traceback (most recent call last):
  File "<pyshell#0>", line 1, in <module>
    print('abc'+123)
TypeError: can only concatenate str (not "int") to str
>>>
```

用"*"重复　把字符串重复乘数次。

```
>>> print('abc'*3)
abcabcabc
```

用jion()函数拼接

```
>>> a='123'
>>> print('*'.join(a)) #把*加入字符串a中的每个字符之间
1*2*3
```

2. 字符串的切片方法

初始化字符串str，令str = '0123456789'，对字符串str的切片操作如下表所示。

指令	作用	执行结果
str[0:3]	截取第1位到第3位的字符	'012'
str[:]	截取字符串的全部字符	'0123456789'
str[6:]	截取第7位字符到结尾	'6789'
str[:-3]	截取从头开始到倒数第3位字符之前的字符	'0123456'
str[2]	截取第3位字符	'2'
str[-2]	截取倒数第2位字符	'8'
str[::-1]	创造一个与原字符串顺序相反的字符串	'9876543210'
str[-3:-1]	截取倒数第3位到倒数第2位的字符	'78'
str[:-5:-1]	逆序截取后4位字符	'9876'

项目提升 ✍

1. 程序解读

程序中的输入数据为字符串类型，可以直接用下标区间进行切片，提取出年月日及性别信息，再将提取出的多个字符串用"+"拼接成题目要求的格式。

第6行语句用于判断性别，由于s是字符串类型，所以要用int()函数将其转换为整数后才能除以2求余，判断其奇偶。

2. 程序改进

程序中对身份证号码进行切片后提取数据要有一个大前提：身份证号码是合法的，必须是18位字符串。在编写程序中可以加一次判断，判断输入的字符串是不是18位数字，然后再进行切片。编程实现：输入一个身份证号码，若身份证号码不是18位数字，输出"身份证号码不合法"，否则输出年龄。代码如下。

```
1  n=input("请输入一个身份证号码:")
2  if(len(n)!=18):    # len(n)用于计算字符串n的长度
3      print("身份证号不合法")
4  else:
5      y=int(input("今年是哪一年？"))
6      print("该公民的年龄为：",y-int(n[6:10]))
```

项目拓展

1. 改错题

下面的程序段用来实现：输入一段字符串，输出其中数字字符(0~9)的个数。其中标出的地方有错误，快来改正吧！

```
s=input("请输入一串字符：")
n=len( )            # 计算字符串长度 ——————❶
count=0
for i in range(1:n):  # 逐一取出字符 ——————❷
   if(0<=s[i]<=9):    # 判断是否是数字字符 —— ❸
      count=count+1
print("其中数字字符个数为：",count)
```

错误❶：_____   错误❷：_____   错误❸：_____

2. 编程题

编程实现，输入一段有效的数字表达式(只包含算术运算，如'78*5+3')，输出表达式的值。

4.2.2　字符串的查询与替换

Python中提供了查询和替换的函数，可以直接快速地查询一个字符串在另一个字符串中出现的位置，可以统计某个字符出现的次数，还可以直接将字符串中的某一部分用另一个字符串替换，这些操作在编写程序时应用比较广泛。

| 项目名称 | **选车牌号** |
| 文件路径 | 第4章\项目\选车牌号.py |

汽车的车牌号由7位字符组成，第1位是汉字，一般是省份的简称，第2位表示所在市/区的代码，后面几位是由大写的英文字母和数字随机组成的。李辉在选车牌号时，特别喜欢连号的数字，如"01""12""23"……这样的组合，如果车牌号中出现一对

这样连号的数字，他的认可度就会增加1。编写程序，快速计算并输出李辉对一个车牌号的认可度，若认可度为0，输出"不喜欢"。

我的牌照我做主！

项目准备

1. 提出问题

编程计算，输入一个车牌号字符串，统计字符串中连号的数字出现的次数。如何查找车牌号中连号的数字？请先思考以下几个问题。

(1) 连号的数字组合共有多少种？

(2) 如何判断一个字符串是否包含另一个字符串？

2. 知识准备

在Python中可以使用find()函数在字符串a中直接查找目标字符串b，语句为：a.find(b)。如果a中包含b，返回b在a中的位置(初始位置的下标)，否则返回-1，如下图所示。

```
>>> a='abc123'
>>> a.find('c')  #从字符串a中查找字符'c'
2
>>> a.find('d')  #从字符串a中查找字符'd'
-1
>>>
```

项目规划

1. 思路分析

车牌号是字母和数字的随机组合，而连号的组合有"01""12"……"78""89"这9种情况，都包含在字符串'0123456789'中，所以统计车牌号中连号的数字，可以将车牌号从第三位开始循环切片，逐一判断每个切片是否包含在字符串'0123456789'中，如"皖A7896Q"，可以切成'78'、'89'、'96'、'6Q'，可查询到'78'和'89'两个切片在字符串'0123456789'中。

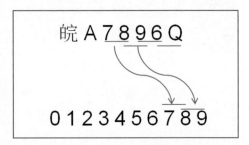

2. 算法设计

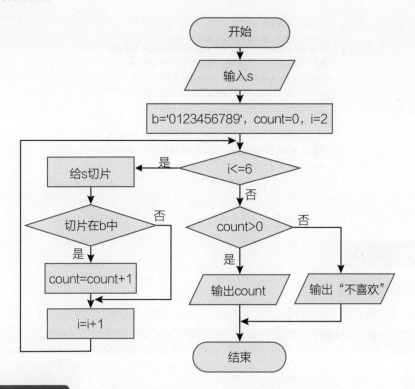

项目实施

1. 编程实现

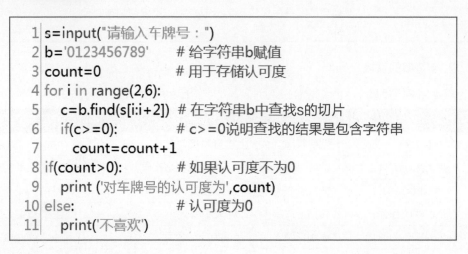

```
1  s=input("请输入车牌号：")
2  b='0123456789'        # 给字符串b赋值
3  count=0               # 用于存储认可度
4  for i in range(2,6):
5      c=b.find(s[i:i+2]) # 在字符串b中查找s的切片
6      if(c>=0):          # c>=0说明查找的结果是包含字符串
7          count=count+1
8  if(count>0):          # 如果认可度不为0
9      print ('对车牌号的认可度为',count)
10 else:                 # 认可度为0
11     print('不喜欢')
```

2. 调试运行

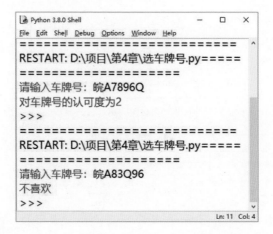

项目支持

1. 字符串的查询

初始化字符串str，str = '012341234'，对字符串str的相关查询方法如下。

方法	作用	执行结果
str.find('2')	检测str中是否包含'2'，如果有则返回第一次出现的下标，否则返回-1	2
str.rfind('2')	rfind()作用同find()，不过是从字符串右端开始查找	6
str.count('2')	返回字符串str中，字符串'2'出现的次数	2
isalnum(str)	检测字符串是否只包含字母或数字，不含空格或其他符号	True

2. 字符串的替换

初始化字符串str，str = 'Ab12 Ab12'，对字符串str的相关替换方法如下。

方法	作用	执行结果
str.replace('b', 'B')	把字符串str中的'b'全部替换为'B'	'AB12 AB12'
str.casefold ()	把str中的所有大写字母换成小写字母	'ab12 ab12'
str.upper()	把str中的所有小写字母换成大写字母	'AB12 AB12'
str.swapcase()	转换字符串中字母的大小写	'aB12 aB12'
'hello world'.title()	返回标题化(每个单词首字母大写)	'Hello World'
' hello '. strip(' ')	去掉字符串左右两端的空格	'hello'
eval('12+3')	计算字符串(有效表达式)的值	15

项目提升

1. 程序解读

第4行，车牌号中的前两位字符是省份的简称和市/区的代码，可以不切片，从第三位开始切。

第5行，变量c用于存储目标字符串在b字符串中的位置。值得注意的是，在使用find()函数查找时，如果查找的结果是包含目标字符串，那么返回索引位置(下标)，而本程序中只需要检测是否包含，所以要有一次判断，即第6行代码if(c>=0):，如果c的值不为-1，就让count增加1。

2. 程序改进

车牌号是大写字母和数字的组合，不包含小写字母，且为了区别于数字0和1，车牌号中也不包含大写字母O和I。在输入车牌号时可能会输入不规范的车牌号，需要在程序中先进行车牌号的规范化改写，要求：把小写字母全改写成大写字母，把字母O替换成0，把字母I替换成1。程序实现的关键代码如下。

```
1  s=input('请输入车牌号：')
2  s=s.upper()          # 把字符串s中所有小写字母改成大写字母
3  s.replace('O','0')   # 把字符串s中所有字母O替换成0
4  s.replace('I','1')   # 把字符串s中所有字母I替换成1
```

项目拓展

1. 填空题

下面的程序段用来实现：输入一段字符串，统计字符a出现的次数，并输出"字符a出现了×次"。请在横线处填上合适的语句，实现该功能。

```
s=input("请输入一段字符串：")
num=_____ ❶
print _____ ❷
```

2. 编程题

编程实现统计词频，输入一段字符串，输出字符串中出现频次最高的字符，如果存在多个，输出第一个即可。

4.3　数据类型转换

我们在编写程序时，可能会处理各种不同类型的数据，不同类型的数据之间又不能够直接运算。Python就提供了转换数据类型的方法，可以使整数、小数和字符串等不同类型的数据相互转换。

4.3.1　数值类型转换

整型和浮点型的区别就是有无小数部分，它们之间的相互转换就是去掉小数部分和添加小数部分，布尔型可看作是特殊的整型，也可以与浮点型相互转换。

项目名称	**毕业礼物**	
文件路径	第4章\项目\毕业礼物.py	

毕业在即，李老师打算买一些笔，作为毕业礼物送给全班同学。商店里有两种不同包装规格的笔，第一种24支/盒，每盒售价19元；第二种32支/盒，每盒售价23元。商店不允许拆开包装零售，只能成盒销售。李老师打算全部买同一种规格的笔，全班有n名同学，在花钱最少的情况下，他应该选购哪一种规格的笔。

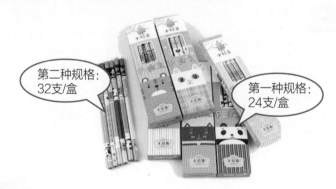

项目准备

1. 提出问题

有两种规格可选，要买够n支笔，选择哪一种规格的笔花费的少？由于不能拆开包装购买，只能整盒购买，所以不能用一支笔的单价计算所需要的费用。如何计算，请先思考以下几个问题。

(1) 如何判断一个数是不是整数？

 (2) 如何将一个小数向上取整？

2. 知识准备

在Python中可以用int()函数将浮点型转换成整型。将浮点数强制转换成整数的规则是直接去掉小数部分（注意不是四舍五入）。

也可以用float()函数将整型转换成浮点型，将整数强制转换成浮点数的规则是先在整数后面加一个小数点，再加一个零，示例如下。

```
>>> int(1.9)#将浮点数1.9转换为整数
1
>>> float(2)#将整数2转换为浮点数
2.0
```

项目规划

1. 思路分析

笔的需求总数是n，可以先根据n分别计算需要购买的两种规格的笔的数量，由于不能拆开包装购买，只能整盒购买，需要考虑能否恰好购买整盒的问题，然后计算所需费用，比较两个数的大小。

算一算 如果需要11支笔，笔的规格是10支一盒，需要购买几盒？为什么？把思考的结果写在下面的方框中。

定义变量

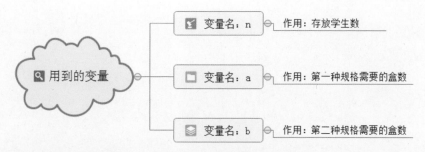

2. 难点分析

整型判断　如何判断a是不是整数，有一种方法是，判断a是否等于int(a)，原理是，如果a不是整数，用int(a)强制取整时就会把小数去掉，就会不等于a原来的值。

向上取整　向上取整，类似于数学中的"进一法"取整，对于一个浮点数，只要小数部分不为0，就把小数部分看成1，加到整数上面，例如，2.1向上取整的结果为3。

3. 算法设计

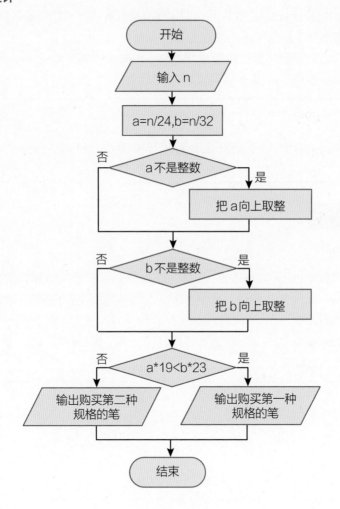

项目实施

1. 编程实现

```
1 n=int(input('请输入学生人数：'))
2 a=n/24                    # 第一种规格需要a盒
3 b=n/32                    # 第二种规格需要b盒
4 if(a!=int(a)): a=int(a)+1 # 如果a不是整数，就多买一盒
5 if(b!=int(b)): b=int(b)+1 # 如果b不是整数，就多买一盒
6 if(a*19<=b*23):           # 比较购买两种规格的笔的花费
7     print('购买第一种规格的笔花费的少，需要%d元'%(a*19))
8 else:
9     print('购买第二种规格的笔花费的少，需要%d元'%(b*23))
```

2. 调试运行

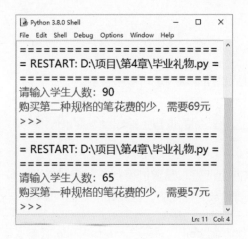

项目支持

1. 混合运算中的类型转换

在Python中，对不同类型的数据进行混合运算时，计算结果的类型按照右图所示的优先规则确定。

示例：

```
>>> 1+True #整型加布尔型 结果为整型
2
>>> 1+1.0  #整型加浮点型 结果为浮点型
2.0
>>> 1+True+1.0 #整型加浮点型加布尔型 结果为浮点型
3.0
```

2. 将浮点型转换为整型

将浮点型转换为整型，对小数部分的处理有以下三种方式。

向下取整　　向下取整就是直接去掉浮点数的小数部分，只保留整数部分，用int()函数可以直接强制转换类型。在math库中，包含一种函数floor()，也可以直接对浮点数向下取整，如floor(2.9)的结果为2。

向上取整　　向上取整的常规办法是：先判断浮点向下取整之后的值是否等于自身，若不等，就在向下取整的结果上加1。在math库中，包含一种函数ceil()，也可以直接对浮点数向上取整，如ceil(2.1)的结果为3。

四舍五入　　计算浮点数四舍五入的结果，可以将浮点数先加0.5，然后向下取整；也可以在格式化输出的时候用格式符"%.0f"输出浮点数，如执行语句"a=2.7，print('%.0f'%a)"输出的结果为3；还可以用round()函数进行四舍五入，如round(0.8)的值为1。

项目提升 ✎

1. 程序解读

第2行，a的结果可能是浮点数，也可能是整数。
第4行语句实现了对a向上取整。
第7行是格式化输出，在%d的位置上输出a*19的值。

2. 程序改进

程序中用数学方法向上取整，需要进行判断，相对来说比较麻烦，可以在程序中导入math模块，调用ceil( )函数简化代码，程序如下。

```
1  from math import ceil      # 导入math中的ceil函数
2  n=int(input('请输入学生人数：'))
3  a=ceil(n/24 )              # 第一种规格需要a盒
4  b=ceil(n/32)              # 第二种规格需要b盒
5  if(a*19<=b*23):            # 比较购买两种规格的笔的花费
6      print('购买第一种规格的笔花费的少，需要%d元'%(a*19))
7  else:
8      print('购买第二种规格的笔花费的少，需要%d元'%(b*23))
```

项目拓展 ▦

1. 填空题

有些商家为吸引顾客，每次收费时会抹去一些零钱。例如，若零钱不足5角则直接抹去；若零钱超过5角不足1元则只收5角。下面的程序段用来实现自动抹零的计算，请在横线处填上合适的语句，实现该功能。

```
n=_____(input('输入商品总金额'))#输入商品总金额        ❶
if(_____>=0.5):  #如果零头大于0.5                  ❷
    ans=int(n)+0.5
else:
    ans=_____                                     ❸
print('应付款为：',ans)
```

2. 编程题

一箱苹果有t个，不小心混入了许多条虫子，虫子每天吃掉1.3个苹果，假设在吃完一个苹果前不会去吃另外一个，那么n天之后箱子里还剩下多少个完整的苹果？编写程序实现，输入n和t，输出剩余的苹果数。

4.3.2 字符串与数值类型转换

编写程序时，根据程序需求，可直接将有效的数字字符串(只包含数字或小数点的字符串)转换为数值型数据，也可将整型、浮点型或者布尔型的数据转换为字符串类型。

项目名称	**回文日期**
文件路径	第4章\项目\ 回文日期.py

2020年02月02日是确保多年难得一见的回文日，这一天不管是把日期写在前面的02022020，还是把年份写在前面的20200202，都回文、对称。数字像照镜子，正着看、倒着看都一样。下一次的回文日期是2021年12月02日，再下一次就要等到10年之后。如何用计算机程序实现，先甄别日期是否合法(月份不超过12，日不超过31)，再判断是不是回文日期？

项目准备

1. 提出问题

输入一个包含八位数字的字符串n，判断n是不是合法的回文日期，请先思考以下几个问题。

(1) 如何提取出年月日，判断其是否合法？

 (2) 如何判断日期是否回文？

2. 知识准备

str()函数可将数据转换成字符串类型。int()函数可将数据转换成整型，示例如下。

```
>>> a='12'      #定义一个字符串a
>>> a=int(a)    #把a转换成整型
>>> print(a)    #输出a
12
```

项目规划

1. 思路分析

题目有两个要求，第一个要求是确保日期是合法的，可将字符串切片，提取出年月日，判断其是否满足合法条件；第二个要求是判断日期是否回文，可以逆序取出字符串中的后四位，判断其是否与年份相等，若相等即是回文日期，否则不是回文日期。

提取出年月日　对于八位的字符串，前四位是年份，接着两位是月份，最后两位是日，可以将字符串切片以此来提取年月日。

用到的变量

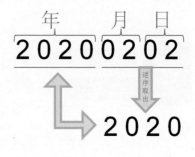

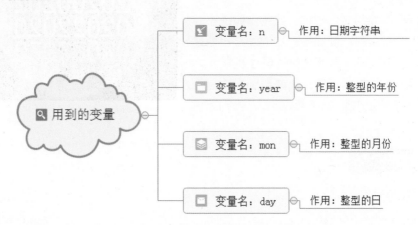

2. 算法设计

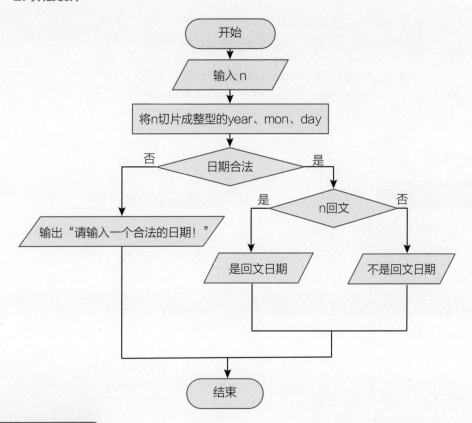

1. 编程实现

```
 1 n=input('请输入日期：')
 2 year=int(n[:4])              # 将年份字符串切片并转换成整型
 3 mon=int(n[4:6])             # 将月份字符串切片并转换成整型
 4 day=int(n[6:9])             # 将日字符串切片并转换成整型
 5 if(mon<1 or mon>12 or day<1 or day>31 ): # 判断日期是否合法
 6    print('请输入一个合法的日期！')
 7 elif(year==int(n[:-5:-1])): # 判断日期是否回文
 8    print(n+'是回文日期')
 9 else:
10    print(n+'不是回文日期')
```

2. 调试运行

项目支持

1. 将数值型数据转换成字符串

将整型和浮点型转换成字符串类型，可以用str()函数来完成，转换的规则是：直接给待转换的数据加上一对单引号。

示例	说明	结果
str(1.2)	将浮点数转换为字符串	'1.2'
str(12)	将整数转换为字符串	'12'
str(True)	将布尔数转换为字符串	'True'

2. 将字符串转换成数值型数据

将字符串转换成数值型数据的大前提是：字符串必须是有效的数字字符，不能包含字母等其他符号。若要转换成整型，还要求字符串中不能包含小数点；若要转换成布尔型，规则是只有空字符串才会转换成False，其余字符串都会转换成True。

示例	说明	结果
int('12')	将字符串转换为浮点数，必须是整数	12
float('12')	将字符串转换为整数	12.0
bool(' ')	将空字符串转换为布尔数	True
eval('12+3*4')	将有效的数字表达式字符串转换成数值	24

项目提升

1. 程序解读

第2行，先用n[:4]将字符串n中的前四位字符切片，然后用int()将提取出的字符串转换为整数类型。

第7行语句的作用是逆序取出字符串n中的后四位字符。

2. 程序改进

　　题目明确要求输入的字符串包含八位数字，保证了在切片的时候前四位为年份，但程序中仍存在问题，例如，当输入02011020这个不合法的日期时，程序的结果仍然是：02011020是回文日期。需要加一个判定条件"year<1000"过滤掉高位为0的字符串，关键代码如下。

```
if(mon<1 or mon>12 or day<1 or day>31 or year<1000):
    print('请输入一个合法的日期！')
elif(year==int(n[-5:-1])): #判断日期是否回文
    print(n+'是回文日期')
```

项目拓展

1. 阅读程序写结果

阅读下面的程序段，根据输入的数字，写出输出的结果。

```
n=flaot(input('请输入一个数字：'))
n=int(n+0.5)
print(n)
```

输入：3.6，输出：_____；输入：2.3，输出：_____。

2. 填空题

　　下面的程序段用来实现长度单位英寸和厘米之间的换算。请在横线处填上合适的语句，实现该功能。

```
#1英寸=2.54厘米
s=input('请输入英寸数')
n= _____(s) #n表示英寸数 ❶
m= _____ #m表示厘米数 ❷
print(s+'英寸='+ _____+'厘米') #输出：×英寸=×厘米❸
```

3. 编程题

　　编写程序，输入3个算术表达式，中间用空格隔开，按照得数由小到大的顺序，将表达式输出(如输入：3*5.2 5/1.1 56%6，输出：56%6<=5/1.1<=3*5.2)。

第 5 章

Python 数据结构

　　数据结构是计算机存储、组织数据的方式。Python 提供了列表、元组、集合、字典等多种数据结构，可以用来描述客观世界中的各种数据，同时提供了许多内置方法，可以帮助我们操作这些数据。面对具体的问题选择适当的数据结构可以带来更高的存储或运行效率，更容易实现算法。本章我们就一起来学习 Python 基本的数据结构吧！

学习内容

Python数据结构

- 5.1　列表
  - 5.1.1　列表的创建与访问
  - 5.1.2　列表的更新与排序
- 5.2　元组
  - 5.2.1　元组的创建
  - 5.2.2　元组的访问
- 5.3　集合
  - 5.3.1　集合的创建
  - 5.3.2　集合的运算
- 5.1　字典
  - 5.4.1　字典的创建与更新
  - 5.4.2　字典的访问与遍历

5.1　列表

生活中我们经常遇到列表，比如班级学生的姓名、喜欢的歌曲等。Python中也有列表，可以用于存储这些相互关联的数据。Python列表更加灵活，它可以包含不同类型的元素，比如整数、浮点数、字符串等，这使得它可以描述更加复杂的事物，功能也更加强大。

■ 5.1.1　列表的创建与访问

我们把一些数据用逗号分割，外面用"[ ]"括起来，就创建了一个列表。列表里面每个元素都有一个编号，称为索引，通过索引可以访问列表中的元素。

项目名称	莫尔斯电码
文件路径	第5章\项目\莫尔斯电码.py

莫尔斯电码用电流的长短组合表示不同的英文字母，是电报通信时代最基本的信息编码方式。电报员面对文稿，用娴熟的手法敲击出对应的电码来发送信息，并且能够从听到的长短音中翻译出电码代表的文本。如今我们可否编制计算机程序来模拟收发电报的工作，把要发送的文本转换成莫尔斯电码，再把收到的莫尔斯电码转换成文本呢？

项目准备

1. 提出问题

莫尔斯电码与英文字母的对照表是已知的，发报的过程相当于通过文本找电码，接收的过程相当于通过电码找文本，要编写这样的程序，完成这个转换工作，需要思考以下几个问题。

(1) 如何表示电码？

(2) 如何将英文字母转换成电码？

(3) 如何将电码转换成英文字母？

2. 知识准备

列表的定义　列表里的每个数据项称为元素，这些元素放在[ ]里，彼此用","隔开，将其赋值给一个变量，就创建了一个列表。也可以使用[ ]或list()创建空列表。

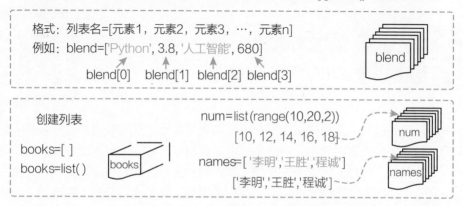

列表的访问　Python列表中每个元素都有一个编号，称为索引，正向用0~n-1表示，反向用-1~-n表示。访问某个元素，只需要指定其索引即可。访问一部分元素，也可以使用切片的方式。需要注意的是，访问不存在的索引，会报错。

项目规划

1. 思路分析

查一查　根据电码与字母的对照表，将想要发送的字符写成莫尔斯电码。

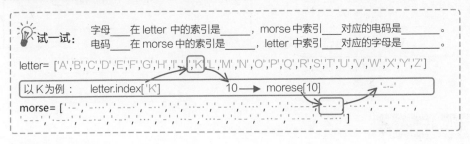

查一查

想发送的内容	莫尔斯电码
A	
YES	
NO	

（莫尔斯电码对照表：A–Z 字母与对应电码）

试一试 上面是手动查询的过程，要想编程实现，应该怎么做呢？列表就非常适合存放这些有序的信息。我们可以把26个字母从A~Z放在列表letter中，把莫尔斯电码也按同样的顺序存放在列表morse中，将其一一对应。

试一试： 字母＿＿＿在 letter 中的索引是＿＿＿，morse 中索引＿＿＿对应的电码是＿＿＿。
电码＿＿＿在 morse 中的索引是＿＿＿，letter 中索引＿＿＿对应的字母是＿＿＿。

letter= ['A','B','C','D','E','F','G','H','I','J','K','L','M','N','O','P','Q','R','S','T','U','V','W','X','Y','Z']

以 K 为例： letter.index['K'] ⟶ 10 ⟶ morese[10] ⟶ '-·-'

morse= ['·-','-···','-·-·','-··','·','··-·','--·','····','··','·---','-·-','·-··','--','-·','---','·--·','--·-','·-·','···','-','··-','···-','·--','-··-','-·--','--··']

2. 难点分析

将文本转换成电码 如果单词由大小写字母混合组成，应当先用upper()将其转换为大写字母，再用list()转换成一个列表，最后用for循环将其中的每个字母都转换成对应的电码。

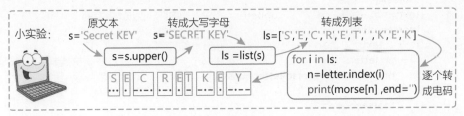

小实验：
原文本 s='Secret KEY'
转换大写字母 s='SECRET KEY'
s=s.upper()
ls =list(s)
转成列表 ls=['S','E','C','R','E','T',' ','K','E','Y']

```
for i in ls:
    n=letter.index(i)
    print(morse[n] ,end='')
```
逐个转成电码

将电码转换成文本 将电码转换成文本的方法与上面的过程类似，不同的是，输入的电码以空格分割，要用split(' ')将电码分割成列表。

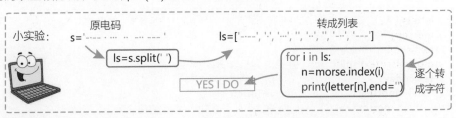

小实验：
原电码 s='-·-- · ··· ·· -·· ---'
ls=s.split(' ')
转成列表 ls=['-·--',' ','···','·','-··','---']

```
for i in ls:
    n=morse.index(i)
    print(letter[n],end='')
```
逐个转成字符

YES I DO

3. 算法设计

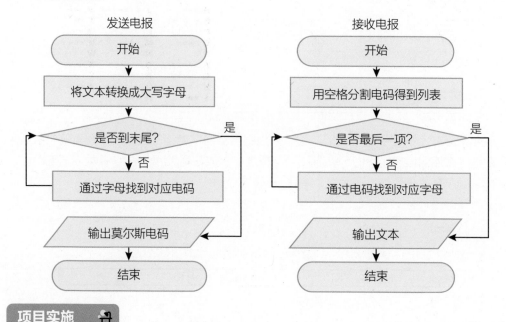

项目实施

1. 编程实现

发送电报的过程

```
1  letter=['A','B','C','D','E','F','G','H','I','J','K','L','M','N','O','P','Q','R','S','T','U','V','V
2  morse=['·-',' -···','-·-·','-··','·','··-·','--·','····','··','·---','-·-','·-··','--','-·','---','·--·','--·-','·-·','···
3  text=input("请输入文本：").upper()    # 将输入的内容转换成大写字母
4  morsecode=''                           # 用于保存电码
5  for i in text:                         # 遍历所有的字符
6    if i in letter:                      # 在26个字母范围内，找出对应的电码
7      morsecode+=morse[letter.index(i)]+' '  #用字符的索引在电码中查找
8    else:                                # 不在字母范围内的，都转成空格
9      morsecode+=' '
10 print("莫尔斯电码：",morsecode)
```

接收电报的过程

```
1  letter=['A','B','C','D','E','F','G','H','I','J','K','L','M','N','O','P','Q','R','S','T','U','V','V
2  morse=['·-',' -···','-·-·','-··','·','··-·','--·','····','··','·---','-·-','·-··','--','-·','---','·--·','--·-','·-·','···
3  text=input("请输入莫尔斯电码(以空格分割)：")
4  morselist=text.split(' ')              # 用空格将电码分割成列表
5  textcode=''                            # 用于接收转换的字符
6  for i in morselist:                    # 遍历所有的电码
7    if i in morse:                       # 在电码列表范围内，找出对应的字母
8      textcode+=letter[morse.index(i)]   # 用电码的索引在字母中查找
9    else:                                # 不在电码列表范围内的，都转成空格
10     textcode+=' '
11 print("输出文本内容：",textcode)
```

2. 调试运行

```
= RESTART: D:/第5章/项目/莫尔斯电码 发送.py
请输入文本：China will send troops to North Korea
莫尔斯电码：- · - · · · · · - · · · · · - · - · - · · - · · · - · · - · - · · · · · · · · · · · · · · · - · ·

>>>
                                                                    Ln: 70  Col: 142
```

```
= RESTART: D:/第5章/项目/莫尔斯电码 接收.py
请输入莫尔斯电码(以空格分割)：- · · · · · · · · · - · · · · · · · · · · · ·
- · · · · · · · · · · · · · · · · · · · · · · · · · · ·
输出文本内容：THIS IS A SHOCKING NEWS
>>>
                                                                    Ln: 86  Col: 275
```

项目支持

列表的索引与切片　列表一般用索引访问，也可以像字符串一样切片得到子列表。

示例列表：num=[10,11,12,13,14,15,16,17,18,19]

操作	输出结果	说明
num[0]	[10]	用正索引访问
num[−1]	[19]	用负索引访问
num.index(13)	3	反查，在列表中找出某个元素的索引
num[1:6]	[11, 12, 13, 14, 15]	访问索引1到5的元素
num[4:−2]	[14, 15, 16, 17]	访问索引4到−3的元素
num[2:9:2]	[12, 14, 16, 18]	访问索引2到8的元素，步长为2
num[:−3]	[10, 11, 12, 13, 14, 15, 16]	未指定开始，默认为0

列表的遍历　按某种顺序把列表中的每一个元素都访问一遍称为列表的遍历，完成这种操作最好的程序结构应该是循环。

示例列表：general=[' 刘备 ',' 关羽 ',' 张飞 ']

语句	输出结果	说明
for i in general: 　print(i,'是三国英雄')	刘备 是三国英雄 关羽 是三国英雄 张飞 是三国英雄	列表本身就可以直接作为循环的序列，循环变量即列表的元素。
for i,t in enumerate(general): 　print(i,t)	0 刘备 1 关羽 2 张飞	enumerate()函数可以同时输出列表的索引和值。

项目拓展

1. 填空题

张小微同学把学校公示的"三好学生"名单保存在列表excellen中，编写了一个程序，自动输出本组同学中哪些是三好学生，程序如下，请在横线处填上合适的语句，实现该功能。

```
1 excellen=['诸葛大力','王晨熙','赵海棠','张泉林','李明','汤景文']
2 names=['李明山','汤灿','张泉林','李小蔓','王晨熙','曲晓曼']
3 for i in _____: ❶
4     if_____ in excellen: ❷
5         print(i)
```

2. 改错题

张小微编写了一个随机点名的程序，但有时运行程序会出错，其中标出的地方有错误，快来改正吧！

```
1 import random
2 names=['李明山','汤灿','张泉林','李小蔓','王晨熙','曲晓曼']
3 x=random.randint(0,6) ——————————— ❶
4 print(names[x])
```

错误❶：_____

3. 编程题

某加密算法要求对输入的小写英文字符串(明文)做如下处理：按照英文字母"a""b"……"z"的顺序排列，将每个字符都转换为它的前一个字母(规定"a"的前一个字母为"z")组成密文。例如，明文student加密后的密文是rstcdms。请编写程序，实现该加密算法。

5.1.2　列表的更新与排序

列表中的元素是可变的。编程中，我们经常需要增加、删除、修改列表中的元素。列表是有序的，我们可以根据需要对列表进行排序。

项目名称	图书管理
文件路径	第5章\项目\图书管理.py

同学们通过自发捐书的方式建成了一个班级图书角。为方便同学们借阅，管理员李明需要维护一张书单，但这些书每天都在变化，如何保证书单准确无误呢？李明需要根据借阅情况对书单进行更新，你能帮助他通过计

书单

西游记
水浒
朝花夕拾
骆驼祥子
繁星·春水
鲁滨孙漂流记
格列佛游记
童年
钢铁是怎样炼成的
名人传
老人与海

算机编程来实现吗?

项目准备

1. 提出问题

李明要维护的这张书单,如果将其看作成一个列表,其实就是对列表进行增加、删除、修改等操作,结合已掌握的编程知识,思考以下几个问题。

(1) 图书管理具体有哪些操作内容?

(2) 如何对列表进行更新?

(3) 如何对列表进行统计和输出?

2. 知识准备

列表的更新　列表的更新是编程中常见的操作,主要是进行增加、修改和删除等操作。

示例列表: score=[60,60,85,93,76]

语句	列表内容	说明
score.append([80,75])	[60,60,85,93,76, [80,75]]	作为一个元素追加到末尾
score.extend([80,75])	[60,60,85,93,76,80,75]	将每一项合并到列表的末尾
score.insert(1,99)	[60,99,60,85,93,76]	插入一个元素到指定位置
score[0]=100	[100, 60,85,93,76]	更新指定位置的元素值
score.remove(93)	[60,60,85,76]	删除指定元素
score.pop(-2)	[60,60,85,76]	删除指定位置的元素(默认为-1)

列表的排序　对列表的排序有两种方法,用sort()方法或者用Python内置的sorted()函数。不同的是,sort()方法是对列表本身进行排序,sorted()函数是返回一个新的列表,不影响原列表,它们都可以通过reverse参数来指定是否逆序。

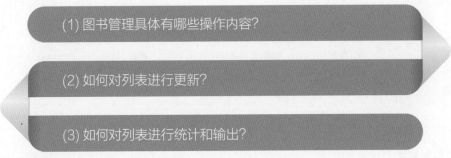

项目规划

1. 思路分析

图书管理具体有哪些操作内容,Python列表中的操作能否满足需求?请在下面连一连。

本项目对图书管理的内容比较多，如何设计程序流程，方便用户操作呢？

2. 难点分析

列表元素需按索引访问，如果索引超过范围，则会报错，所以操作列表时，可以用in语句先做判断，确保要操作的元素存在列表之中。

3. 算法设计

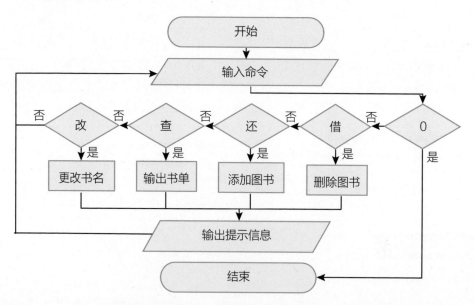

项目实施

1. 编程实现

```
1  books=['西游记','水浒','朝花夕拾','骆驼祥子','繁星·春水','鲁滨孙漂流记','格列佛游记
2  op=input('请输入：'); txt=''              # 用户输入，txt记录操作后提示信息
3  while op!='0':                          # 输入不为0进行下面程序，否则结束
4      m=op[0]; name=op[2:]                # 首字命令和后面书名分开
5      if m=='借':                         # 借书（删除）操作
6          if name in books: books.remove(name); txt='===借书成功！==='
7      elif m=='还' and name!='':          # 还书（添加）操作
8          books.append(name);  txt='===还书成功！==='
9      elif m=='改':                       # 更改，需分离出旧书名和新书名
10         name1=name[0:name.index(' ')]; name2=name[name.index(' ')+1:]
11         if name1 in books:             # 更改，需先找到这个书名再修改
12             books[books.index(name1)]=name2; txt='===更改成功！==='
13     elif m=='查':                       # 查看操作
14         print('======图书角共有',len(books),'本图书，欢迎借阅======')
15         books.sort();    txt='===查询成功！==='  # 图书排序
16     if txt=='': txt='===输入错误！==='          # 如无反馈，则输出错误信息
17     print(txt); op=input('请输入：')            # 输出反馈结果，接受用户下次查询
```

2. 调试运行

测试示例	说明	结果验证	
查	列出所有图书	□正确	□错误
还 名人传	归还(添加)图书《名人传》	□正确	□错误
借 水浒	借阅(删除)图书《水浒》	□正确	□错误
改 名人传 名人传奇	将《名人传》改为《名人传奇》	□正确	□错误

项目支持

1. 答疑解惑

本程序中判断语句较多，为方便查看程序，可将多行语句合并成一行来写。在 Python中可以使用 ";" 来分割。也可以在if或者for语句中的 ":" 后面直接写语句。

2. 程序改进

当输入 "查" 时，程序只能列出所有图书，可否增加一个查询功能，按用户输入的关键字进行搜索，反馈查询到的结果呢？可以将查询部分的程序更改如下。

```
13    elif m=='查':                        # 查询操作
14      if name=='':                       # 未给定书名，则全部显示
15        print('=====图书角共有',len(books),'本图书，欢迎借阅=====')
16        books.sort()                     # 图书排序
17        for i,n in enumerate(books): print(i+1,' ',n)
18      else:                              # 否则，按书名关键词查询
19        for i in books:                  # 遍历所有书名
20          if name in i: print(i);        # 输出查询到的书名
21      xt='===查询成功！==='
```

项目拓展

1. 填空题

执行下面程序段后，列表x的内容是：＿＿＿＿＿＿＿＿＿。

```
1 x=['apple','pear','banana']
2 y='pear'
3 x.remove(y)
4 print(x)
```

2. 改错题

下面的程序用来模拟一个报数过程，从1开始报数，报到3的倍数出列，输出剩下的序号，其中标出的地方有错误，快来改正吧！

```
1 x=[x for x in range(1,20)]
2 for i in x:
3    if i %3!=0: ————————————❶
4        remove(i) ————————————❷
5 print(x)
```

错误❶：＿＿＿＿＿＿＿＿＿   错误❷：＿＿＿＿＿＿＿＿＿

3. 编程题

编写一个记录待办事项的小程序，功能描述如下：每天需要完成的工作都记录到一个列表里，完成一项，删除一项。当任务全部完成时，输出："我是效率达人，完成所有工作，轻松一下！"。

5.2 元组

元组(tuple)与列表类似，不同的是，元组中存储的数据不能被程序修改，可以将其看作成不可变的列表。

5.2.1　元组的创建

如果说列表是用铅笔写的字，可以随时修改的话，元组就相当于用钢笔写的字，写下就不能改了。这种不可变的特性提高了运行的效率。生活中有些不变的数据就可以用元组存储，比如用一个元组表示十二生肖。

项目名称	**掼蛋游戏(发牌)**
文件路径	第5章\项目\掼蛋游戏(发牌).py

"掼蛋"游戏是广受欢迎的棋牌类游戏，每局开始都要重新洗牌(游戏需要用两副扑克)，4个人轮流摸牌，能否编写程序模拟"掼蛋"游戏需要的所有扑克，并实现自动发牌呢？

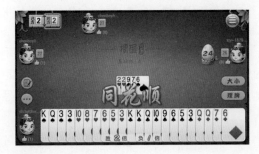

项目准备

1. 提出问题

要解决这个问题，程序需要模拟出108张牌，并随机打乱，再模拟4个人轮流摸牌的过程，最终输出4个人各自摸到的牌。请先思考以下几个问题。

(1) 如何模拟出108张牌？

(2) 如何模拟4个人摸牌的过程？

(3) 花色、数字等信息用什么数据结构表示比较方便？

2. 知识准备

元组的定义　元组与列表类似，只是列表用"[]"定义，而元组用"()"定义，也可以用tuple()将列表或其他类型的数据转换为元组。

格式：元组名=(元素1，元素2，元素3，…，元素n)

例如：weeks=('Monday','Tuesday','Wednesday','Thursday','Friday','Saturday','Sunday')

weeks[0]　weeks[1]　weeks[2]　weeks[3]　weeks[4]　weeks[5]　weeks[6]

元组与列表的区别

列表：

list1=['a','c','d','e']

'b'

'a' 'c' 'd' 'e'

☑添加元素
☑删除元素
☑修改元素
☑统计与排序

元组：

tuple1=('a','b','c')

'a' 'b' 'c'

☒添加元素
☒删除元素
☒修改元素
☑统计与排序

项目规划

1. 思路分析

模拟108张扑克　把4个花色('♠', '♥', '♦', '♣')与13个数字('2','3','4','5','6','7','8','9','10','J', 'Q','K', 'A')进行组合，即可表示扑克，例如'♥9'、'♦A'等，共52张，再加上'bk'、'sk'表示的"大王"·和"小王"，得到一副54张的扑克，再将列表乘2，即可得到108张牌。

如何洗牌　洗牌的过程就是打乱原来的顺序，最好的方法是使用随机数，random模块有一个shuffle()方法，可以将元组或者列表中元素的顺序随机打乱。

2. 难点分析

模拟轮流摸牌的过程　得到108张扑克的列表之后，用步长为4的for循环来遍历这个列表，玩家ABCD每人取一张，模拟轮流摸牌的过程。

```
11  for i in range(0,108,4):
12      A.append(poker[i])
13      B.append(poker[i+1])
14      C.append(poker[i+2])
15      D.append(poker[i+3])
```

排序输出　玩家在摸牌的过程中一般都会将牌按顺序摆放。比如把玩家A的输出语句改成：print('玩家A：',sorted(A))，即可按花色排序。如果需要按照数字排序，则需要使用lambda函数，取第2个字符作为关键字排序。

```
16  print('玩家A：',sorted(A,key=lambda x:x[1]))
17  print('玩家B：',sorted(B,key=lambda x:x[1]))
18  print('玩家C：',sorted(C,key=lambda x:x[1]))
19  print('玩家D：',sorted(D,key=lambda x:x[1]))
```

porker=['♥5', '♠6', '♠7']

以第2个字符为
关键字排序

3. 算法设计

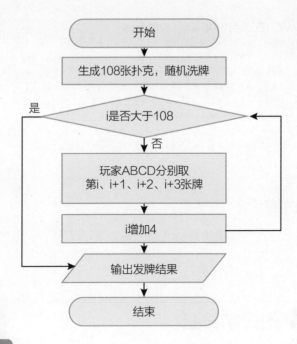

项目实施 🖍

1. 编程实现

```
1  import random              # 引入随机数模块
2  poker_type= ('♠', '♥', '♦','♣')
3  poker_num = ('2','3','4', '5', '6','7', '8', '9','10', 'J', 'Q','K', 'A')
4  poker = ['sk','bk']         # 先在poker列表中放入小土和大王
5  for i in poker_num:         # 一层循环，遍历所有的数字
6    for j in poker_type:      # 二层循环，遍历所有的花色
7      poker.append(j+i)       # 组合成扑克，追加到poker列表中
8  poker*=2                    # 列表乘2，表示重复两次所有元素
9  random.shuffle(poker)       # 打乱所有扑克
10 A=[];B=[];C=[];D=[];        # 定义四个空列表，用于模拟四个玩家
11 for i in range(0,108,4):    # 发牌，步长为4
12   A.append(poker[i])
13   B.append(poker[i+1])
14   C.append(poker[i+2])
15   D.append(poker[i+3])
16 print('玩家A : ',sorted(A,key=lambda x:x[1]))  # 排序后输出
17 print('玩家B : ',sorted(B,key=lambda x:x[1]))
18 print('玩家C : ',sorted(C,key=lambda x:x[1]))
19 print('玩家D : ',sorted(D,key=lambda x:x[1]))
```

2. 调试运行

```
= RESTART: D:\第5章\项目\掼蛋游戏（发牌）.py
玩家A：['♦10', '♥10', '♦2', '♦2', '♠2', '♥2', '♥3', '♦3', '♣4', '♦4', '♦5', '♦6', '♥6', '♥7', '♥8', '♣8', '♠8', '♥A', '♦A', '♠A', '♦J', '♥K', '♠K', '♦Q', '♠Q', '♠Q', 'sk']
玩家B：['♥10', '♣2', '♠2', '♠2', '♠3', '♠3', '♥3', '♠3', '♠3', '♦4', '♥4', '♠5', '♠5', '♠7', '♠8', '♦9', '♥9', '♠9', '♣A', '♥A', '♦J', '♥J', '♣K', '♦K', '♥K', '♠Q', '♣Q']
玩家C：['♦10', '♠10', '♠10', '♥2', '♦3', '♦4', '♥5', '♠5', '♣5', '♦6', '♣6', '♥6', '♠7', '♥8', '♦8', '♦9', '♠9', '♥9', '♦9', '♠A', '♣A', '♠A', '♦J', '♦K', '♦Q', 'sk', 'bk']
玩家D：['♣10', '♠10', '♣4', '♠4', '♥4', '♦5', '♥5', '♥6', '♦6', '♠6', '♦7', '♥7', '♠7', '♣7', '♠8', '♦8', '♣9', '♣J', '♠J', '♠J', '♦J', '♣K', '♠K', '♥Q', '♠Q', 'bk']
>>>
```

Ln: 32 Col: 34

5.2.2　元组的访问

元组与列表类似，访问与遍历的方法也是一样的，可以通过索引访问单个元素，也可以通过切片访问部分元素。

项目名称	**图像字符画**
文件路径	第5章\项目\图像字符画.py

2020年初武汉暴发的新冠肺炎疫情迅速席卷全国，对人们的健康造成了巨大威胁，全国各地的人们在家中以各种方式向武汉人民传递祝福。李明也制作了一幅海报，并写下了一些祝福语，他希望能够以更加独特的方式来表达他的祝福，他用祝福语拼出了一幅字符画。我们能够编制计算机程序把李明的祝福海报转换成字符画吗？

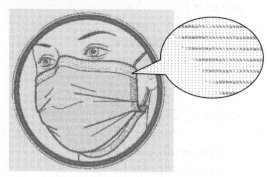

项目准备

1. 提出问题

位图是由像素点构成的，每个像素点都有不同的颜色，我们可以用不同的字符来替换这些像素点，从而制作像素画，也叫字符画。要制作字符画需要思考以下几个问题。

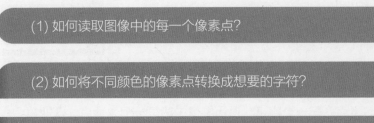

(1) 如何读取图像中的每一个像素点？

(2) 如何将不同颜色的像素点转换成想要的字符？

(3) 怎么样呈现字符画？

2. 知识准备

元组的访问　Python中元组可以用索引访问某个元素，也可以用切片访问。

小实验：
zodiac=('鼠','牛','虎','兔','龙','蛇','马','羊','猴','鸡','狗','猪')
zodiac[3]　　zodiac[8:-2]

元组的转换　元组相对于列表，效率要更高，所以本项目用于制作字符画的字符使用元组来存储。元组和列表之间也可以通过list()和tuple()函数进行转换。

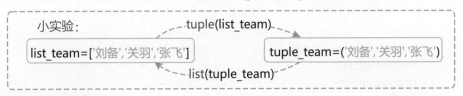

小实验：
tuple(list_team)
list_team=['刘备','关羽','张飞']　　tuple_team=('刘备','关羽','张飞')
list(tuple_team)

项目规划

1. 思路分析

本项目已知条件是一幅海报和一段祝福语，目的是要生成字符画。基本思路应当是：打开图片文件，将每一个像素点都替换成一个字符。为了能够显示出原图的明暗对比，需要把不同亮度的像素点与不同的字符相匹配。

读取像素信息　Python中打开图像文件需要用到PIL模块下的子模块Image。

```
1  from PIL import Image                              # 导入模块
2  img=Image.open('d:\\第5章\\项目\\武汉加油.jpeg')   # 打开文件
3  r,g,b=img.getpixel((89,120))                       # 取像素点的rgb值
```

颜色与字符的匹配　制作字符画的关键是将颜色与字符对应起来。可以把字符看作是比较大的像素块，每个字符因笔画数不同，看上去会有不同的"视觉亮度"，比如"冠"相对于"二"能表示更深的颜色。

2. 难点分析

为每个像素点匹配一个字符 遍历图像中的每一个像素点，获取每个点的RGB颜色，将其按一定比例计算出"视觉亮度"，再把祝福语中的文字按照笔画顺序排列，把字符的索引与像素点的"视觉亮度"对应起来。注意，所有标点都应使用全角字符，以保证每个字符所占宽度一致。

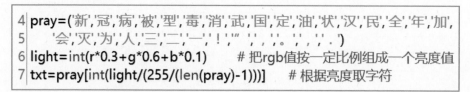

```
4  pray=('新','冠','病','被','型','毒','消','武','国','定','油','状','汉','民','全','年','加',
5     '会','灭','为','人','三','二','一','！','"','，','，','。','，','，'.')
6  light=int(r*0.3+g*0.6+b*0.1)      # 把rgb值按一定比例组成一个亮度值
7  txt=pray[int(light/(255/(len(pray)-1)))]    # 根据亮度取字符
```

呈现字符画 字符画与图像不同，字符画是由一个个字符排列而成的，需要将这些字符写入文本文件中。Python对文本文件的操作非常方便，以下语句就可以把字符串txt写入"pray.txt"文件中。

```
11  tmp=open('pray.txt','w')          # 以更新方式打开文本文件
12  tmp.write(txt)                    # 写入文本文件，w表示更新
13  tmp.close()                       # 关闭文件
```

3. 算法设计

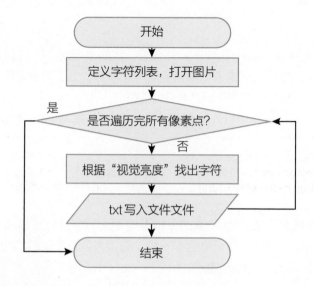

项目实施

1. 编程实现

```
1  from PIL import Image
2  pray=('新','冠','病','被','型','毒','消','武','国','定','油','状','汉','民','全','年','加',
3  img=Image.open('武汉加油.jpeg')  # 打开图片
4  txt=''
5  for y in range(0,img.size[1]):          # 遍历图像中的每一行
6      for x in range(0,img.size[0]):      # 遍历此行中的每一个点
7          r,g,b=img.getpixel((x,y))       # 取像素点的rgb值
8          light=int(r*0.3+g*0.6+b*0.1)    # 把rgb值按一定比例组成一个亮度值
9          txt+=pray[int(light/(255/(len(pray)-1)))]   # 根据亮度取字符
10     txt+='\n'                           # 每行后面加一个换行标志
11 tmp=open('pray.txt','w')                # 以更新方式打开文本文件
12 tmp.write(txt)                          # 写入文本文件，w表示更新
13 tmp.close()                             # 关闭文件
```

2. 调试运行

试一试　将海报"武汉加油.jpeg"放到本程序同一目录下，运行程序，会在此目录下生成一个名为"pray.txt"的文本文件，打开即可看到字符画的整体效果。

字符画　　　　　　海报原图

找一找　查看原图像中的某个点，观察其颜色，在字符画文件中找到此区域，看看用的是什么字符，思考其转换过程，可以根据实际效果优化代码中的RGB比例。

图像中的像素点	RGB 值	字符画中的字符
□红　□黄　□绿　□灰　□白		
□红　□黄　□绿　□灰　□白		
□红　□黄　□绿　□灰　□白		

项目拓展

1. 填空题

有如下元组：u=('hello','secen',['non',['h','kelly'],'all'],123,446)，则执行print(u[2][1][1])输出的结果是：_____；执行print(len(u))输出的结果是：_____；

执行u[2][0]='new'后，u[2][0]的值是：_____。

2. 改错题

已知2020年是鼠年，下面的程序将根据出生年份，输出生肖，其中标出的地方有错误，快来改正吧！

```
1  zodiac=('鼠','牛','虎','兔','龙','蛇','马','羊','猴','鸡','狗','猪')
2  n=int(input('请输入出生年份：')) ————————❶
3  n=2020-n ————————————————————❷
4  print('你的生肖是：',zodiac[n//2]) ——————❸
```

错误❶：_____ 错误❷：_____ 错误❸：_____

3. 编程题

将26个大小写字母和10个数字分别存储在元组中，编写程序随机生成10个长度为8位，同时包含数字和字母组合的密码。例如：bcA93456。

5.3 集合

集合(set)与数学中集合的概念非常类似，用于保存不重复的元素。正因为这个特点，编程时经常用集合来去除重复的元素。

5.3.1 集合的创建

Python中提供了两种方式来创建集合，一种是用{}符号直接创建，另一种是通过set()函数将列表、元组等对象转换成集合。

项目名称	社团需求调查
文件路径	第5章\项目\社团需求调查.py

方舟中学的社团活动非常丰富，广受同学们的喜爱。为了开设更多受欢迎的社团活动，学校进行了一次"你希望开设什么社团？"的问卷调查。问卷收集上来之后，学生填写的项目繁多，有大量数据是重复的。如何编制计算机程序来汇总这些结果，去除重复的数据，看看同学们希望开设的社团有哪些呢？

项目准备

1. 提出问题

学校将所有的问卷结果汇总到了如右图所示的Excel表格中，现在需要将所有的社团名称汇总到一起，向学校建议应开设哪些社团，即去除社团名称中的重复项。

B	C	D	E	F
方舟中学社团调查汇总表				
二班	三班	四班	五班	六班
美食	电竞	武术	心理	体育
滑冰	篮球	戏曲	实践	美食
篮球	历史研究	实践	音乐	心理
历史	环保社	演讲	游泳	乒乓球
吉他	美术	游泳	日语	戏曲
街舞	科学	书法	体育	武术
韩语	名人名言	音乐	文学	摄影
历史研究	滑冰	摄影	戏曲	舞蹈

2. 知识准备

集合的定义　在Python中，创建集合可以像创建列表和元组一样，直接将集合元素赋值给一组由{}括起来的变量就可以了。集合是无序的，无法通过下标访问其元素，也无法排序，但集合中的元素是不重复的。

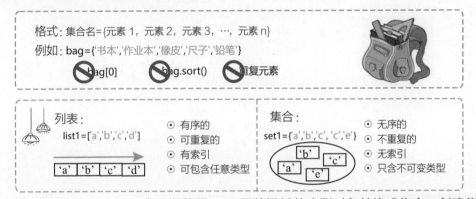

格式：集合名={元素 1，元素 2，元素 3，…，元素 n}
例如：bag={'书本','作业本','橡皮','尺子','铅笔'}
🚫 bag[0]　　🚫 bag.sort()　　🚫 重复元素

列表：
list1=['a','b','c','d']
⊙ 有序的
⊙ 可重复的
⊙ 有索引
⊙ 可包含任意类型

集合：
set1={'a','b','c','c','e'}
⊙ 无序的
⊙ 不重复的
⊙ 无索引
⊙ 只含不可变类型

集合的创建　Python中可以使用set()函数把其他序列对象转换成集合。创建集合时，如果有重复元素，会被自动忽略掉。另外，Python中可以用[ ]定义空列表，用( )定义空元组，却不能用{ }定义空元组，因为{ }将留作定义空字典。

小实验：
set1={'blue','red','green','pink'}　　'blue' 'green' 'gray' 'red'
3　5　7　13　8　重复被忽略　set2={3,5,7,8,8,13}
set3=set()　定义的不是集合　set4🚫

项目规划

1. 思路分析

要完成此项目，需要将所有班级的调查结果输入到程序中，运用集合忽略重复值的特性，把所有的元素放到一个集合里，就可以得到不重复的结果了。

读取调查结果　首先需要将记录调查结果的Excel文件另存为csv格式文件，方便Python读取。

问卷调查分析.csv - 记事本
文件(F)　编辑(E)　格式(O)　查看(V)　帮助(H)
方舟中学社团调查汇总表,,,,,
一班,二班,三班,四班,五班,六班
历史,美食,电竞,武术,心理,体育
机器人,滑冰,篮球,戏曲,实践,美食
吉他,篮球,历史研究,实践,音乐,心理
电影,历史,环保社,演讲,游泳,乒乓球
法语,吉他,美术,游泳,日语,戏曲
美术,街舞,科学,书法,体育,武术

去除重复值　用逗号将数据分割成列表，再将列表转换成集合，即可去除重复值。需要注意的是文件中前两行是标题和表头，需要去掉。

小实验：　lessons=['历史','电竞','美食','心理','电竞','武术','心理','体育','美食','武术']

groups=set(lessons)　　重复项被去掉

groups 内容是　{'电竞','体育','美食','武术','历史','心理'}

2. 算法设计

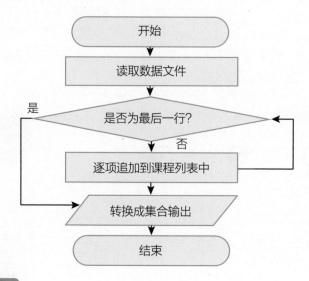

开始

读取数据文件

是否为最后一行？　　是　／　否

逐项追加到课程列表中

转换成集合输出

结束

项目实施

1. 编程实现

```python
1  f=open('问卷调查分析.csv')  # 打开数据文件
2  lessons=[]
3  for line in f:
4      line=line.replace('\n','')   # 去除每行中多余的 "\n" 标记
5      m=line.split(',')            # 用 "," 将数据分割成列表
6      for i in m:
7          if i!='':
8              lessons.append(i)    # 将所有的课程追加到列表中
9  f.close()
10 groups=set(lessons[7:])          # 除去前7项后，转换成集合，去重
11 print(groups)
```

2. 调试运行

```
= RESTART: D:\第 5 章\项目\社团需求调查.py
{'美食', '社交', '排球', '家政', '科学', '播音', '吉他', '体育', '机
器人', '音乐', '书法', '舞蹈', '戏曲', '街舞', '美术', '篮球', '历史
', '法语', '文学', '武术', '羽毛球', '日语', '航模', '工艺制作', '游
泳', '象棋', '心理', '乒乓球', '足球', '电竞', '电影', '演讲', '历史
研究', '滑冰', '环保社', '摄影', '信息技术', '韩语', '实践'}
> > >
                                                    Ln: 36  Col: 30
```

5.3.2　集合的运算

　　跟数学中的集合一样，Python中的集合也可以进行并、交、差等运算，并且可以进行子集、父集的判断。

| 项目名称 | **最佳开会时间** |
| 文件路径 | 第5章\项目\最佳开会时间.py |

　　学校有时需要开各种各样的会，比如李老师的课题组有26位教师，要找个合适的时间开会，最好是所有人都没课，对照课程表手工查找是比较困难的。我们能不能编写计算机程序自动查询课程表，找到一个最佳的开会时间(大家都没有课)呢？

项目准备

1. 提出问题

　　面对一张课程表，我们如何找出指定的一些教师某节课或者某几节课同时没课呢？手工来找的话，我们要拿需要开会的教师的名单与每节课正在授课的教师的名单进行比对，非常麻烦，且容易遗漏。那么如何编制计算机程序实现这一过程呢？

方舟中学总课程表

2. 知识准备

集合的运算

运算	运算符	示意图	示例
交运算	&		{2,3,4,5}&{4,5,6,7}={4,5}
并运算	|		{2,3,4,5}|{4,5,6,7}={2,3,4,5,6,7}
差运算	−		{2,3,4,5}−{4,5,6,7}={2,3}

集合元素的更新

示例集合：bag={' 书本 ',' 作业本 ',' 橡皮 ',' 尺子 ',' 铅笔 '}

语句	说明
bag.add('水彩笔')	添加一个元素，只能是不可变对象(如字符串、数值、元组等)
bag.remove('橡皮')	删除一个指定的元素，此元素必须存在
sum(bag)	求元素总个数

项目规划

1. 思路分析

参会的教师名单和课程表是已知条件，程序需要通过对课程表的查询，判断出哪节课这些教师同时休息。如果把参会的教师看作集合A，把某节课所有正在授课的教师看作集合B，计算集合A和B的交集，如果为空，则这节课可以开会。

小实验：

{'李响','李玲','王春','方明','李勇','程健','程云','唐伟'} meeting

&

{'汪晶','瑞森','晓飞','娟','海霞','施波','郭靖','王莉'} teacher

```
if len(meeting&teacher)==0:
    print('本节课可以开会')
```

2. 难点分析

读取课程表信息　首先对课程表进行整理，去掉每节课的课程名、时间等信息，只留下每节课授课老师的姓名，另存为csv格式文件。

班级	一1班	一2班	一3班	一4班	一5班	一6班	一7班	一8班	一9班	一10班	一11班
第1节	迎春	彭仁	陆健	程龙	明君	唐维	晓飞	陈坤	召君	良丽	刘林
第2节	迎春	刘林	望江	程龙	明君	唐维	西君	陈坤	方凯	良丽	子文
第3节	彭仁	明君	胡君	李勇	宁紫	李恒	迎春	史辉	程松	方凯	红玲
第4节	冯武	红玲	方德	宁紫	李恒	程松	李响	望江	王娟	李勇	陈坤
第5节	李恒	李响	红玲	迎春	方德	李勇	程健	程龙	唐维	王娟	刘林
第6节	李露	照亮	王怀	彭仁	涵波	王青	程健	史明	召君	汪炜	玉明
第7节	汪宏	汪晶	陆健	史明	孔仕	西君	李露	红玲	彭仁	王怀	方英
第8节	赵云	彭仁	方英	召君	汪晶	瑞森	晓飞	王娟	海霞	涵波	郭靖

获取每节课正在授课教师的集合　读取csv文件中的每一行，保存到集合中，就是某节课正在授课的教师名单。

```python
1  f=open('课程表.csv')              # 打开数据文件
2  teacher=[]                        # 存放正在授课的教师列表
3  for line in f:                    # 读取csv文件，逐行操作
4      line=line.replace('\n','')    # 去除每行中多余的 "\n" 标记
5      m=line.split(',')             # 用 "，" 将其分割成列表
6      teacher.append(set(m))        # 将列表转换成集合再添加
```

项目实施 🔧

1. 编程实现

```python
1  f=open('课程表.csv')              # 打开数据文件
2  teacher=[]                        # 存放正在授课的教师列表
3  for line in f:                    # 读取csv文件，逐行操作
4      line=line.replace('\n','')    # 去除每行中多余的 "\n" 标记
5      m=line.split(',')             # 用 "，" 将其分割成列表
6      teacher.append(set(m))        # 将列表转换成集合再添加
7  f.close()                         # 关闭文件
8  names=input('请输入参会教师：')
9  m=names.split(' ')
10 meeting=set(m)                    # 需要开会的教师集合
11 txt=''
12 for i in range(8):                # 用于遍历8节课的教师集合
13     if len(meeting&teacher[i])==0: # 交集为空，则找到
14         txt+='第'+str(i+1)+'节 '
15 if txt!='':
16     print('找到：',txt,' 可以开会！')
17 else:
18     print('没找到合适的开会时间哦！')
```

2. 调试运行

运行程序，将李老师课题组的26位教师，以空格为分割符，输入进去，快速找到了三节可以开会的时间。

```
= RESTART: D:\源码\第 5 章\项目\5.3.2\最佳开会时间.py
请输入参会教师：汪晶 卢平 焦大 赵云 海霞 杨杰 启功 张俊 沈斌 张伟 习武 宁
紫 程松 春荣 夏栋 李勃 吴兰 李平 晓飞 李敏 贾芳 吴芳 郭靖 史辉 瑞森 汪磊
找到：第2节 第5节 第6节  可以开会！
>>>
                                                                Ln: 16  Col: 4
```

项目拓展

1. 填空题

集合A={4,5,6,7,8,9,10}，集合 B={5,4,3,2,1}，则A&B=_____，
A|B=_____，A−B=_____。

2. 改错题

下面的程序用来把两个列表中的元素合并到一个集合中并输出，其中标出的地方有错误，快来改正吧！

```
2 team1=['李致远','张俊驰','宣文昊','王浩宇','赵越泽','王旭','李荣轩']
3 team2=['王浩宇','赵越泽','程修洁','李明博','张楚望','王雨泽','陈杰']
4 names=set(team2).add(team1) ————————❶
5 print(names[1]) ————————————————❷
```

错误❶：_____ 错误❷：_____。

3. 编程题

集合A和集合B分别存放着随机生成的10个30以内的两位数，请编写程序生成A和B，输出A，B以及它们的并集和交集。

5.4 字典

字典(dict)与列表类似，也是可变序列，不同的是，字典是无序的，每个元素都由"键"和"值"组成。这种形式非常适合表示一些事物的属性。比如我们将给苹果设定的颜色、大小、味道等属性作为"键"，与这些属性的"值"组成"键值对"，就构成了一个字典：{颜色:红,大小:65,味道:甜}，就可以用来表示一个特定的苹果。

5.4.1 字典的创建与更新

字典的创建就是给出一组"键值对"，用{}括起来，中间以逗号分割。字典中的"键"必须是唯一的，只能是不可变类型，"值"是可以变的。字典的更新主要是更新其"值"。

项目名称	**招生咨询机器人**
文件路径	第5章\项目\ 招生咨询机器人.py

每年6月底7月初，方舟中学的招生咨询室都非常繁忙，不断有家长来问各种问题。面对大量重复的问题，李老师很无奈。这些问题的答案都比较简单，李老师希望编制一个能够自动回复的机器人程序，来自动回答这些问题。

项目准备

1. 提出问题

本项目的已知条件是招生咨询中一些常见的问题和学校的回答。现在需要编写计算机程序，将这些问题和答案对应起来，让用户在输入问题后，能够匹配到相应的答案，并显示给用户。请思考以下几个问题。

(1) 有哪些高频率的问题？

(2) 用什么数据类型保存问题和答案？

(3) 如何提高问题与答案匹配的成功率？

2. 知识准备

字典的定义　字典是用"键值对"来表示一些相互具有对应关系的数据集合，比如汉字和它的拼音。

格式：字典名={键 k1:值 v1, 键 k2:值 v2, 键 k3:值 v3, …, 键 kn:值 vn}
例如：word={ '风': 'feng','月': 'yue','同': 'tong','天': 'tian'}
　　　　word['风'] word['月'] 　word['同'] word['天']
键（key）➡　风　　月　　同　　天
值（value）➡　feng　yue　tong　tian

字典的创建　除了以"键值对"的形式创建字典外，可以使用{}或者dict()来创建空字典，也可以使用zip()根据两个列表来创建字典。

项目规划

1. 思路分析

收集问题与答案 李老师根据自己招生咨询的实际工作经验，梳理出学生及家长们关心的问题并逐一回答。将问题和答案按照固定的规则存储在"问题.txt"文件中，以便于Python读取和处理。

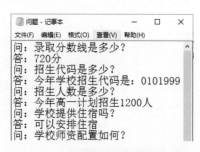

为问题匹配合适的答案 本项目中的问题与答案一一对应，这种结构非常适合用字典来存储，把问题作为"键"，答案作为"值"。但用户提出的问题需要与"键"完全一致，才能查询到答案，这不太现实，所以建议使用关键词来替代问题，提高问题与答案匹配的成功率。

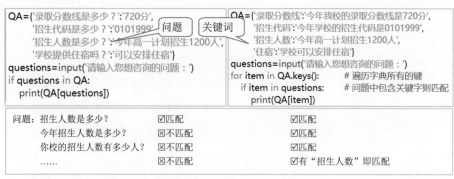

2. 算法设计

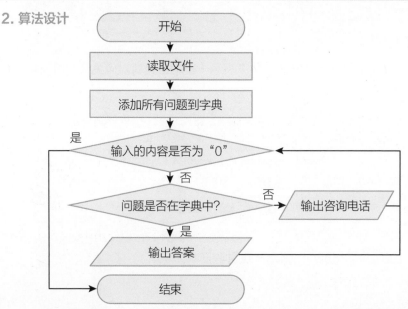

项目实施 🔨

1. 编程实现

```
1  f=open('问题.txt')
2  txt=f.read()                       # 读取文件
3  ls=txt.split('\n')                 # 按行分开，转换成列表
4  QA={}
5  for i in range(0,len(ls),2):       # 遍历，每次两行
6      QA[ls[i][2:]]=ls[i+1][2:]      # 往字典中追加内容
7  f.close()
8  questions=input('问：')
9  while questions!='0':              # 输入0，结束
10     ansed=False                    # 记录是否暂无答案
11     for item in QA.keys():         # 遍历字典所有的键
12         if item in questions:      # 问题中包含关键字则匹配
13             print('答：',QA[item])
14             ansed=True             # 标记
15     if not(ansed):
16         print('此问题暂无答案，详询：0551-88888888')
17     questions=input('问：')
```

2. 调试运行

如右图所示。

```
= RESTART: D:\第 5 章\项目\招生咨询机器人.py
问：学校可以提供住宿吗？
答：学校可以安排住宿
问：贵校招生代码是多少？
答：今年学校的招生代码是0101999
问：学校是公办学校吗？
此问题暂无答案，详询：0551-88888888
问：0
>>>
                                    Ln: 12  Col: 33
```

项目支持 ⚡

　　字典的更新　字典元素的更新与列表的
更新不同，不需要追加或者插入，只需要指定某个"键"对应某个"值"即可，如果这
个"键"存在，则更新字典元素；如果不存在，则添加字典元素。

```
stu={'李明':80,          del stu['李明']           #删除李明              stu={'张博':98,
'张博':98,'方小微':100,   stu['史辉']=99            #史辉成绩更新为 99     '方小微':100,'史辉':99,
'史辉':75}               stu['王生']=88            #添加王生，成绩 88     '王生': 88, '程成': 60}
                        stu.setdefault('张博',60)  #张博成绩不更新
                        stu.setdefault('程成',60)  #添加程成，成绩 60
```

　　列表、元组、集合与字典的区别

数据结构	是否可变	是否重复	是否有序
列表(list)	可变	可重复	有序
元组(tuple)	不可变	可重复	有序
集合(set)	可变	不可重复	无序
字典(dict)	值可变 键不可变	值可重复 键不可重复	无序

项目提升 ✏️

学会自我学习 程序对于已知的关键词都能匹配到答案，对于未知的问题，只能给出一个咨询号码，如果能够将新问题加入到问答库中，那么这个招生咨询机器人便具有了"自我学习"的能力，更加智能化。我们可以添加一个管理员密码，当用户输入正确的管理员密码时，则可追加新的问答到文件中。

```python
10    if questions=='123456':       # 输入管理员密码，可添加问答
11        add=input('管理员您好！请添加（关键字：答案）：')
12        if '：' in add:
13            item=add.split('：')         # 分离出左右两边
14            QA[item[0]]=item[1]          # 将问题和答案添加到字典
15            f=open('问题.txt','a')        # 打开文件，追加写入
16            f.write('\n问：'+item[0]+'\n答：'+item[1])
17            f.close()
```

接入在线机器人聊天 本项目类似于机器人聊天程序，属于一种简单的人工智能应用程序。为了更专业，也可以借助在线聊天机器人API，来实现更加智能的人机对话。详细实现方法参见本章案例源文件"聊天机器人.py"。

项目拓展 🖥️

1. 填空题

下面字典bag中存放了小纲书包里的文具、书本以及试卷和分数，请根据要求填写相应的语句。

bag={'tool':['橡皮','钢笔','铅笔'], 'book':{'课本':['语文','数学','英语','美术'],'作业本':['作文本','数学本','英语本','口算本','草稿本'], 课外书':['米小圈','海底两万里']},'试卷':{'语文':85,'科学':90,'数学':100}}

(1) 查看小纲共有多少个文具：_____。

(2) 往书包里添加一本课外书《丁丁历险记》：_____。

(3) 把小纲的语文成绩更改为95分：_____。

(4) 统计小纲书包里共有多少本书：_____。

(5) 小纲的作文本交给老师了：_____。

2. 编程题

某网站的账户信息用字典保存着，格式为{用户名:密码}，请编写程序，实现用户注册、修改密码、删除账户、用户查询功能。

5.4.2　字典的访问与遍历

字典是无序的，没有索引，访问字典元素必须指定"键"才能找到"值"。使用for循环可以很方便地遍历字典。

项目名称	高考英语阅读词汇分析
文件路径	第5章\项目\高考英语阅读词汇分析.py

张明是高中英语老师，他想弄清楚，高考英语阅读理解题中到底哪些单词出现的频率比较高？于是他找来了100篇高考英语阅读题，共80多页，人工分析工作量太大。如何编写计算机程序来分析这些文本，找出哪些单词出现的频率比较高呢？

项目准备

1. 提出问题

张明老师遇到的问题是如何从大量的英语文本中找出每个单词出现的频率，结合自己已掌握的编程知识，思考以下几个问题。

> (1) 如何读取这100篇英语阅读题？

> (2) 文本中有中文、英文、符号等，如何从中提取出英文单词？

> (3) 有些单词频率很高，但似乎没有分析的价值，如a，the，is等。该怎么办？

2. 知识准备

字典的访问　字典的访问就是用指定的"键"去查找字典中对应的"值"，如果"键"不存在，则会报错。所以推荐使用get()方法，它可以指定一个默认值，当这个键不存在时，会自动添加进去，并返回这个默认值。

```
fruit={'苹果':5.9,'香蕉':2.6,'火龙果':12.8,'橙子':7.5}

s=fruit['苹果']  # 结果: 5.9    s=fruit.get('芒果',10.5)  # 结果: 10.5

s=fruit[🚫]  # 报错          s=fruit.get('香蕉',3.8)  # 结果: 2.6
```

原字典中不存在，则追加

原字典存在，则取字典中的值

字典的遍历　字典是以"键值对"的形式来存储数据的，Python使用items()方法获取字典的"键值对"，使用keys()和values()来获取所有的"键"和"值"。

示例字典：fruit={' 苹果 ':5.90,' 香蕉 ':2.68,' 火龙果 ':12.80}

操作	格式	说明
遍历所有 "键值对"	for i in fruit.items(): print(i[0],'的价格是：',i[1])	苹果的价格是：5.90 香蕉的价格是：2.68 火龙果的价格是：12.80
遍历所有 "键"和"值"	for k,v in fruit.items(): print(k,'的价格是：',v)	苹果的价格是：5.90 香蕉的价格是：2.68 火龙果的价格是：12.80
遍历所有 "键"	for k in fruit.keys(): print(k)	苹果 香蕉 火龙果
遍历所有 "值"	for v in fruit.values(): print(v)	5.90 2.68 12.80

项目规划

1. 思路分析

提取英文单词　首先将这100篇英语阅读题的文本复制到名为"English100.txt"的文件中。里面有中文、英文、符号、数字等，如何快速找出所有的英文单词呢？Python嵌入了re模块，.可以使用正则表达式来匹配我们想要的内容。用"[a-zA-Z]+"即可匹配所有的英文单词。再用findall()方法将结果放到一个列表中。

```
1  import re
2  text='Hello Word！，2020年：人生苦短，我用Python！'
3  words=re.findall('[a-zA-Z]+',text)                    匹配结果
4  print(words)          ['Hello', 'Word', 'Python']
```

屏蔽极高频单词　在文本中会有一些极高频的单词，如year，the，have等，以及一些长度小于3个字母的单词，都可以不统计。本例将200个常用单词放在一个文本文件中，方便在统计时将其屏蔽。

2. 算法设计

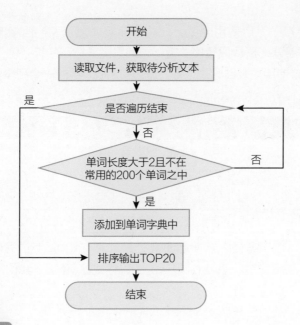

项目实施

1. 编程实现

```
1  import re                        # 导入re库，使用正则表达式匹配单词库
2  f=open('200个常用英语单词.txt','r',encoding='utf-8')
3  words200 = tuple(re.findall('[a-z]+',f.read()))   # 读取常用单词到集合中
4  f=open('English100.txt','r',encoding='utf-8')
5  words = re.findall('[a-z]+',f.read().lower())       # 读取英语阅读题中的单词
6  c={}
7  for i in words:              # 把长度大于2并且不在常用单词中的单词放入字典
8      if len(i)>2 and i not in words200:
9          c[i]=c.get(i,0)+1    # 用get方法更新字典中相应单词的个数
10 c2 = [[v,k] for k, v in c.items()]      # 把字典转换成列表
11 c2.sort(reverse=True)    # 排序，上一步改变了k,v的顺序
12 for i in range(20):          # 输出次数TOP20的单词
13     print(c2[i][1],'出现了',c2[i][0],'次')
```

2. 调试运行

```
D:\第5章\项目\高考英语阅读词汇分析.py =
passage 出现了 74 次
following 出现了 50 次
wanted 出现了 49 次
according 出现了 37 次
during 出现了 33 次
country 出现了 31 次
side 出现了 30 次
american 出现了 26 次
important 出现了 25 次
earth 出现了 25 次
```

```
underlined 出现了 24 次
robert 出现了 24 次
probably 出现了 24 次
stories 出现了 23 次
living 出现了 23 次
lived 出现了 23 次
different 出现了 23 次
writer 出现了 22 次
states 出现了 22 次
restaurants 出现了 22 次
>>>
                            Ln: 16  Col: 0
```

项目支持

字典与列表转换　　可以使用list()方法将字典转换为列表，但字典中每个项目包含"键"和"值"两部分，默认只转换"键"，如果需要指定转换"值"为列表，则需要指定values()，或者使用列表推导式，将"键"和"值"组成一个列表元素。

示例字典：fruit={' 苹果 ':5.90,' 香蕉 ':2.68,' 火龙果 ':12.80,' 橙子 ':7.99}

语句	说明
list(fruit)	['苹果', '香蕉', '火龙果', '橙子']
list(fruit.keys())	['苹果', '香蕉', '火龙果', '橙子']
list(fruit.values())	[5.90, 2.68, 12.80, 7.99]
[[k,v] for k,v in fruit]	[['苹果', 5.90], ['香蕉', 2.68], ['火龙果', 12.80], ['橙子', 7.99]]

文件编码格式　　为了方便Python读取和处理，可将100篇英语阅读题的素材另存为纯文本文件。需要注意的是，Python默认的编码格式是utf-8，我们需要将文件另存为utf-8编码格式。

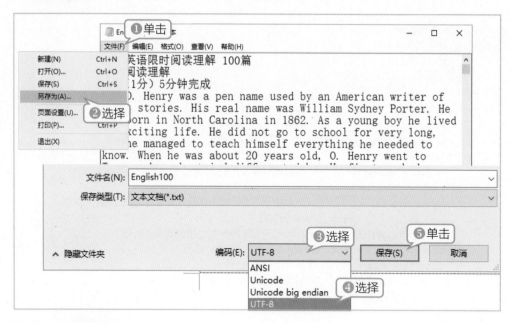

项目提升

1. 答疑解惑

文本素材中有4万多个单词，每个单词都需要检查是否在常用的200个单词之中，考虑到程序的运行效率，第3行用tuple()函数将这200个单词转换为元组，提高了访问效率。

字典本身是无序的，也就无法进行排序，而项目中需要输出词频TOP20的单词，所以，第10行把字典转换成列表，并颠倒了键和值的位置，每个元素都以[值,键]的形式组成列表，第11行才能更方便地使用sort()方法进行排序。

2. 程序拓展

展示出来的只是一部分高频单词，如果想看看某个单词出现的次数呢？可否增加一个查询功能呢？另外有一些单词不太熟悉，如何才能够查询到单词的意思呢？

有道搜索提供了非常方便的免费翻译API，可以帮助我们实现查询功能。需要引入requests和json两个库，如果没有，需要使用pip命令进行安装。

```
21 t=input('输入查询：')    #接收用户输入的单词
22 url='http://fanyi.youdao.com/translate?&doctype=json&type=AUTO&i='+t
23 r = requests.get(url)    #发送查询网址
24 txt=json.loads(r.text)    #得到反馈结果
25 print(t,'在100篇英语阅读题中出现了',c[t],'次，意思是：',txt['translateResult'][0][0]['tgt'])
```

项目拓展

1. 改错题

下面的程序将遍历所有的字典元素，统计价格大于50元的商品个数，其中标出的地方有错误，快来改正吧！

```
1 goods={'口罩':1.0,'酒精':50.80,'84消毒液':15.0,
2         '防护服':198.0,'电子体温枪':65.90}
3 n=0
4 for i in goods:              ❶
5     if i.values()>50:        ❷
6       n=n+1
7 print('共有',n,'种商品价格高于50元')
```

错误❶：_____   错误❷：_____

2. 编程题

请编写程序统计《三国演义》中出场次数最多的20个英雄人物，要求如下。

(1) 注意屏蔽掉常用词，比如将军、却说、主公等；

(2) 注意主要人物的多种称呼，比如"诸葛亮"与"孔明"，"刘备"与"刘玄德"等；

(3) 所有人物按出场次数降序排列。

第 6 章

Python 函数编程

使用 Python 编写程序时，有些代码需要多次重复输入，如 x^n、各种面积公式、素数的判断等。使用函数和模块是实现代码重复使用的常见方法。我们将实现某一功能的代码组织在一起，形成一段逻辑相对独立的代码块，在需要时可以直接调用。Python 包含了丰富的内置函数和模块，我们也可以自己编写一些函数或模块，还可以到网上去下载。这样做既可以减少编写代码的工作量，又可以使程序结构更清晰。本章我们将了解系统的内置函数，还会学习如何自定义函数，函数的封装，以及如何利用函数解决问题等。让我们一起走进精彩的 Python 函数世界吧！

学习内容

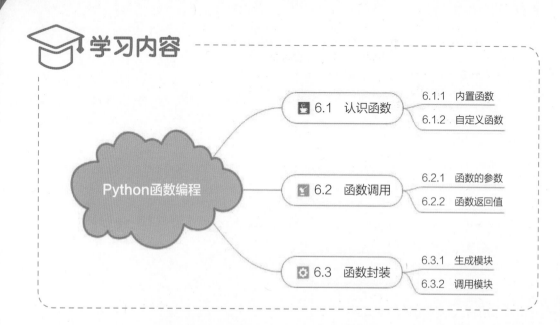

6.1 认识函数

函数是一段相对独立、功能相对单一、可重复使用的代码模块。对于一些常用的程序代码，以模块化的形式保存，需要时可重复调用。从而提高了程序设计的效率，增强了程序的可读性。

6.1.1 内置函数

Python提供了许多功能强大的内置函数，供我们在编写程序时直接使用。如前面已经使用过的int()、print()、input()等函数。

项目名称	**求圆的面积**
文件路径	第6章\项目\求圆的面积.py

刘小豆同学准备设计一款数学公式计算器，用于计算各种几何图形的面积、周长等，如圆的面积、正方形的面积、六边形的周长、球的体积等。其中，设计程序求解圆的面积时，用到的数学公式为$S=\pi r^2$，π为圆周率，r为圆的半径。

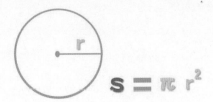

$$S = \pi r^2$$

项目准备

1. 提出问题

为方便求解圆的面积，在Python中编写程序，实现输入半径后，输出圆的面积。根据已掌握的知识，思考以下几个问题。

(1) 变量r如何接收用户给定的半径数据？

(2) 如何书写"计算面积"语句的代码？

(3) 如何给圆周率π赋值？如何控制输出值的小数点位数？

2. 知识准备

结合已学知识分析，要解决以上问题，可以使用内置函数input()接收数据，并通过赋值语句传递给变量r，表达式为r=input()，使用内置函数print()输出r*r* π的值，即为所求的圆的面积。

选一选 直接通过内置函数input()返回的数据类型为字符型，考虑到圆的半径为实数，需要将变量r的值强制转换成浮点型。部分内置类型转换函数如下，说说它们的作用，并根据需要挑选出本项目中可能会用到的类型转换函数。

□ float()   □ long()

□ int()   □ bin()

□ str()   □ bool()

查一查 Python还内置了一些数学运算函数，在编写程序的过程中，可以直接拿来使用。代码中r*r可以使用哪个内置函数代替？请把其格式和功能写在下面的方框中。

项目规划

1. 思路分析

编写程序实现，输入一个半径值，输出一个对应的面积。应选用顺序结构，通过input()函数接收数据，使用 π *pow(r,2)计算圆的面积，最后通过print()函数输出结果。

2. 难点分析

根据题意，半径的值为实数，而内置函数input()传递的数据类型为字符型，需使用内置函数float()将半径的值强制转换成数值型。由于圆周率 π 的值是一个无理数，需要定义一个常量Pi，方便根据计算精度的要求修改 π 的值。如果程序对输出值的小数点位数或记数方法有要求，可以使用内置函数format()格式化显示值。

3. 算法设计

求圆的面积的程序，需要用到两个变量，一个常量。其中用变量r表示半径，变量s表示面积，常量Pi表示圆周率，算法如下所示。

第一步：输入一个实数赋值给变量r。

第二步：为常量Pi赋初值。

第三步：计算半径为r的圆的面积Pi*pow(r,2)，并赋值给变量s。

第四步：输出变量s的值。

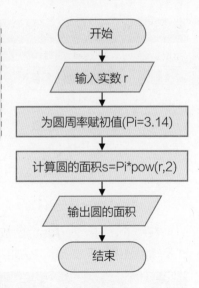

项目实施

1. 编程实现

```
1 r=float(input("请输入圆的半径r: "))      # 提示输入半径
2 Pi=3.14
3 s=Pi*pow(r,2)                            # 计算圆的面积
4 print("圆的面积是: ",s)
```

2. 调试运行

```
D:\第6章\项目\求圆的面积.py
请输入圆的半径r: 3
圆的面积是: 28.26
>>>
D:\第6章\项目\求圆的面积.py
请输入圆的半径r: 33.33
圆的面积是: 3488.191146
>>>
D:\第6章\项目\求圆的面积.py
请输入圆的半径r: 333.333
圆的面积是: 348888.1911114601
>>>
```

项目支持

1. Python内置函数分类

Python中提供了60多个内置函数。按其功能可分为数学运算、类型转换、序列操作、对象操作、集体操作、交互操作、文件操作等类别。

2. 与数值有关的内置函数

Python内置了与数值有关的函数，如能实现格式转换的float()函数、四舍五入的round()函数等。

函数名	功能	举例
int()	取整数或转换为整数类型	int()=0 , int(16.6)=16 , int('16')=16
round()	将数值四舍五入	round(5.5)=6 , round(-4.4)=-4
abs()	取绝对值	abs(6)=6 , abs(-6)=6
max()	找出最大的数	max(9,17,29,51,6,18,66,22)=66
min()	找出最小的数	min(9,17,29,51,6,18,66,22)=6
float()	用于将整数或字符串转换成浮点数	float(66)=66.0 , float('-6')=-6.0

3. 内置函数format()

在Python中，format()函数可以对数据进行格式化输出，常用的format()函数的格式及输出效果如下表所示，例如'{:.2}'.format(3.14159)的输出为3.14。

数字	格式	输出	描述
3.141592653	{:.2f}	3.14	保留小数点后两位
3.141592653	{:+.2f}	+3.14	带符号保留小数点后两位
8	{:0>4d}	0008	数字补零（填充左边，宽度为4）
8	{:0<4d}	8000	数字补零（填充右边，宽度为4）
0.16	{:.2%}	16.00%	百分比格式
80000000	{:.2e}	8.00e+7	指数记数法

项目提升 ✍

1. 答疑解惑

直接通过内置函数input()传递给变量r的数据类型为字符型，在本项目中，参与运算的数据需为数值型，必须进行转换。

内置函数int()也是数据类型转换函数，接收半径数据的语句r=float(input("请输入圆的半径r: "))中，为什么不用int()函数呢？因为int()函数是取整或转换成整型数据的函数，它会把接收的数据转换成整数，导致计算出来的结果有可能错误(输入整数的除外)。

```
r=int(input("请输入圆的半径r: "))◄—— 易错1：类型转换函数有问题
Pi=3.14
s=Pi*pow(2,r)◄—————— 易错2：此处代表2ʳ，与题意不符
print("圆的面积是: ",s)
```

2. 程序改进

为控制输出数值的格式，项目程序代码还可以进一步优化为"求圆的面积A.py"，如输入333.333，输出结果保留两位小数，具体修改如下图所示。

```
1 r=float(input("请输入圆的半径r: "))
2 Pi=3.14
3 s=Pi*pow(r,2)
4 print("圆的面积是: ",'{:.2f}'.format(s))  # 输出结果保留两位小数
```

调试运行，结果如下。

> D:\第6章\项目\求圆的面积A.py =============
> ============
> 请输入圆的半径r: 333.333
> 圆的面积是: 348888.19

项目拓展

1. 阅读程序写结果

```
num =(9,3,6,4,5,7)
print(len(num))
print(max(num))
print(min(num))
print(abs(-sum(num)))
```

输出结果: _____

2. 填空题

下面的程序用来计算正方体的表面积和体积。请在横线处填上合适的语句，实现输入正方体的边长，输出正方体的表面积和体积的功能。

```
a=float (input("请输入正方体边长a="))
s=6*_____❶
v=_____❷
print("正方体的表面积=",s)
print("正方体的体积=",_____) ❸
```

3. 编程题

球的体积公式为 $v=\dfrac{4}{3}\pi R^3$，其中R为球的半径。请编写程序实现，输入球的半径R，输出球的体积。

▌6.1.2 自定义函数

Python中有很多内置函数，可重复调用，方便高效，但是这些函数的数量是有限的，并不能满足所有需求。在编程的过程中，为了使程序结构清晰，有时候也为了实现特定的功能，我们还可以根据需要创建自定义函数。

项目名称 **计算彩票中奖率**

文件路径 第6章\项目\计算彩票中奖率.py

福利彩票"七乐彩"采用组合式玩法：从01～30共30个号码中选择7个号码组合为一注投注号码，每注金额人民币2元。刘小豆最近迷上了买彩票，每期都花2元钱买一注"七乐彩"号码，请编程计算每次的中奖概率是多少？

$$C_n^m = \frac{n!}{m!(n-m)!}$$

项目准备

提出问题

查阅资料得知，从n个不同元素中，任取m(m<=n)个元素可产生C_n^m种组合，计算公式为$C_n^m=n!/(m!*(n-m)!)$，其中运算符号"n!"读作"阶乘"。本项目中，从01～30共30个号码中选择7个号码可产生C_{30}^7种组合。知道这些知识后，要完成本项目编程，还需要思考以下几个问题。

(1) 已知组合数，如何表达中奖率？

(2) "n!"的值如何计算？如何编程实现？

(3) 程序中需要多次用到"n!"，怎么提高编写效率？

(4) 如何调用自定义函数，将返回值传递给主程序？

2. 知识准备

根据分析得知，"七乐彩"采用组合式玩法共产生C_{30}^7种组合，如果只买一注彩票，中奖概率为$1/C_{30}^7$，进一步计算中奖率为$(7!*(30-7)!)/30!$，然而还是很难笔算出来最终结果。在本项目中，多次计算某些数的阶乘，可以定义自定义函数，以实现代码的重用。

试一试　一个正整数的阶乘是所有小于及等于该数的正整数的积，如$5!=5*4*3*2*1$，结果是120。请试着通过循环结构编写程序计算30!的值，将结果填写在下面的方框中。

　　填一填　完整的自定义函数包括函数名、参数、函数实现语句(函数体)和返回值四部分。在Python中使用def可以声明一个函数，在声明函数时，也要通过缩进的方式表示语句属于函数体。请查阅相关资料，在下面的方框中完善自定义函数的基本格式。

```
def _____ (参数列表):
    <函数体>
    _____ <返回值>
```

　　查一查　调用自定义函数与调用内置函数的操作方法一样，格式为函数名()，其值为将参数代入自定义函数时的返回值。因此，给自定义函数命名至关重要，你知道命名规则吗？请填写在下面的方框中。

项目规划

1. 思路分析

　　根据前面的分析，编写程序计算中奖概率7!*(30-7)! / 30!，可以先编写一个自定义函数。然后在表达式中按照推导出来的公式调用自定义函数，计算出中奖概率，最后通过print()语句输出结果。

2. 难点分析

　　根据题意，本项目的重点是理解阶乘的意义，编写自定义函数实现阶乘功能，方便主程序调用。其实，计算n!就是从1开始乘，一直乘到n，这个过程可以通过循环结构来实现。在Python中可以使用for循环，也可以使用while循环。并且要注意1的阶乘为1，自然数n的阶乘写作n!。

3. 算法设计

编写求彩票中奖率的程序，可以通过def定义自定义函数，通过主程序调用自定义函数。所以，在自定义函数时需要定义函数名和一个参数。为实现阶乘功能，需要用到两个变量，主函数中可以用一个变量存储中奖率，算法如下所示。

第一步：定义阶乘自定义函数jc()。

第二步：调用自定义函数jc()计算7!*(30-7)! / 30!的值，并赋值给变量zjl。

第三步：输出变量zjl的值。

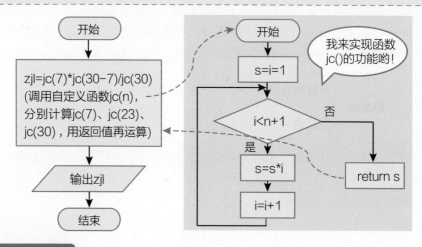

项目实施

1. 编程实现

```
1  def jc(n):                    # 定义自定义函数 jc()，计算 n!
2      s=1
3      for i in range(1,n+1):
4          s=s*i
5      return s
6  zjl=jc(7)*jc(23)/jc(30)       # 主程序开始，调用函数计算中奖率
7  print('{:.10%}'.format(zjl))  # 百分比格式化输出，带 10 位小数
```

2. 调试运行

按F5键运行程序，结果如下图所示。当然，为验证自定义函数是否正确，可使用print(jc())语句选择几个小数进行测试，如4!=24，5!=120等。

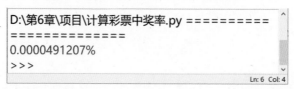

项目支持

1. 函数的定义

在Python语言中，自定义函数由函数名、参数、函数实现语句(函数体)和返回值四部分组成。函数体能根据主程序给出的值，按照既定的处理指令执行，并将处理结果返回给主程序。其中，函数体所处理的值被称为参数，其返回的结果被称为返回值。

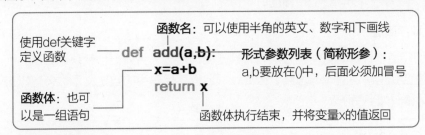

2. 函数的执行过程

如果把创建的函数理解为一个具有某种用途的工具，那么调用自定义函数就相当于使用该工具。定义函数时并不执行，只有调用时才执行，函数的调用过程如下。

第一步：调用程序在调用处暂停执行，如本例的print()处，就是调用函数add()。

第二步：在调用函数时，将实际参数 2、3分别传给形式参数a与b。

第三步：执行函数体语句，将a+b的值赋值给s，因此得到s=5。

第四步：函数调用结束给出返回值，本例中返回值s是5，然后，程序回到调用前的暂停处继续，使用print输出5。

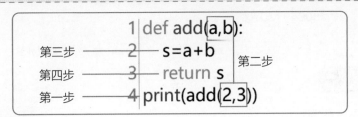

项目提升

1. 答疑解惑

在Python中，函数代码块以def关键词开头，后接定义函数的名称和圆括号()，圆括号内是形式参数，最后加冒号。函数内容又称为函数体，以冒号开始，并且有缩进。函数中的return语句：return(返回值)。用于结束函数，返回一个值，表示程序执行的结果。如果函数中没有return语句，则默认返回None，返回值可以是任何类型的数据，也可以是一个表达式。

```
def jc(n):  ←—— 易错1：英文状态冒号 ":" 易漏
    s=1
    for i in range(1,n+1):
        s=s*i
        return s ←——————— 易错2：应注意return及函数体的缩进
zjl=jc(7)*jc(23)/jc(30)
print('{:.10%}'.format(zjl))
```

2. 程序改进

我们知道，计算n!有两种方法，一种是循环结构，另外一种就是递归法，而递归的思想更符合我们解决问题的思路，因此，项目程序代码中的自定义函数还可以进一步优化，具体修改如下图所示。

```
1 def jc(n):                    # 定义自定义函数 jc()
2     if n==1:
3         return 1
4     else:
5         return n*jc(n-1)    # 采用递归的方法计算 n!
6 zjl=jc(7)*jc(23)/jc(30)
7 print('{:.10%}'.format(zjl))
```

调试运行，结果如下。

```
==== RESTART: D:\第6章\项目\计算彩票中奖率A.py
===
0.0000491207%
>>>
                                              Ln: 9 Col: 4
```

项目拓展

1. 阅读程序写结果

```
1 def gs(n):
2     if n==1:
3         return 1
4     else:
5         return n+gs(n-1)
6 print(gs(100))
```

输出结果：_____

2. 填空题

请在横线处填上合适的语句，实现输出较大数的功能。

```
1  def my_max(____): ❶
2      if a > b:
3          return ____ ❷
4      else:
5          return ____ ❸
6  print(my_max(55,71))
```

3. 编程题

要构成三角形，任意两边之和必须大于第三边。在进行判断时，其实只需要判断最短的两边之和大于最长边即可。因此，可以通过排序判断出三条边的长短关系，得到序列a≥b≥c，然后判断b+c>a即可。请定义函数pd(a, b, c)，通过a，b，c接收三角形的边长，判断能否组成三角形。

6.2 函数调用

在编写程序时，若想调用函数，必须先定义函数，才可以按规定格式调用函数。如果函数定义在主程序的最前面，那么该函数在本程序文件中的任何地方都有效。

6.2.1 函数的参数

主程序和被调用的函数之间有数据传递关系。大多数情况下，函数带有一个或多个参数。使用参数，函数将更加灵活。

项目名称 **计算地块面积**

文件路径 第6章\项目\计算地块面积.py

有一不规则四边形地块，如右图所示，经测量，地块的边长分别为8、11、12、19，其中一条对角线长为17。你能编写一个程序计算出它的面积吗？

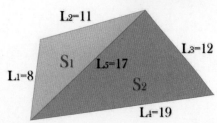

项目准备

1. 提出问题

要想计算不规则四边形的面积，可以按照对角线划分，求出两个三角形的面积，相加即为四边形的面积。要计算两个三角形的面积，涉及代码的重用，可以使用自定义函数，同时需要思考以下几个问题。

🕐 (1) 知道三角形的边长，如何计算其面积？

🕐 (2) 编写自定义函数，需要设置几个参数？

🕐 (3) 实际参数是如何传递给自定义函数的？

🕐 (4) 为实现计算三角形面积的功能，函数体应如何编写？

2. 知识准备

在Python中，一个函数可以有多个参数，也可以没有参数。函数声明了几个参数，调用函数时也必须传递几个参数，缺一不可。因此，我们在自定义函数时，要根据需求预设好形式参数的个数。同时，参数具有顺序性，不可乱了次序。

查一查　根据海伦公式可以计算三角形的面积，请把海伦公式写在下面的方框中，并用Python语言格式书写其表达式。

写一写　本项目要多次求三角形的面积，需编写一个自定义函数。考虑到每个三角形的三条边的边长都不同，因此需要预设3个形式参数。请根据已掌握的知识，初步规划一下自定义函数吧！

项目规划

1. 思路分析

根据题意，需要先构造一个利用海伦公式求三角形面积的自定义函数；然后把每个三角形的边长作为实际参数传递给函数，求得两个三角形的面积s1和s2；最后输出s1、s2的和。

2. 难点分析

通过分析，本项目的重点是理解形参和实参的关系，预设形式参数。在Python中，函数的参数分为形式参数和实际参数。在定义函数时，圆括号中的所有参数都是形式参数，也称为形参；当主程序调用函数时，圆括号中的参数称为实际参数，也叫实参。调用函数是将实际参数传递给形式参数，然后执行函数体。举例如右图所示。

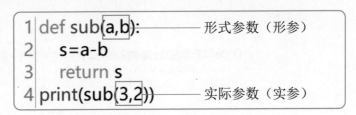

3. 算法设计

计算三角形的面积，需要定义带3个形参的自定义函数area(a,b,c)，主程序在调用自定义函数时代入实参，最终输入结果，算法如下所示。

第一步：定义计算三角形面积的自定义函数area(a,b,c)。

第二步：调用函数area(8,11,17)，在自定义函数体内，将实参8、11、17，分别传递给形参a、b、c后，执行函数体，将返回值赋值给变量s1。

第三步：同理，调用函数area(12,17,19)，将返回值赋值给变量s2。

第四步：按格式输出s1+s2的和。

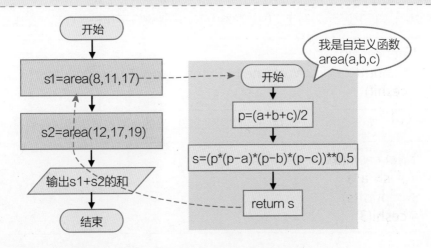

项目实施

1. 编程实现

```
1  def area(a,b,c):              # 定义自定义函数area()
2      p=(a+b+c)/2
3      s=(p*(p-a)*(p-b)*(p-c))**0.5
4      return s
5  s1=area(8,11,17)              # 调用自定义函数
6  s2=area(12,17,19)
7  print("地块面积为：",'{:.2f}'.format(s1+s2))
```

2. 调试运行

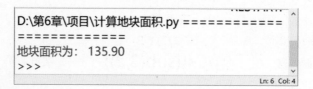

```
D:\第6章\项目\计算地块面积.py =============
=============
地块面积为： 135.90
>>>
                                            Ln: 6 Col: 4
```

项目支持

1. 函数中变量的作用范围

在Python中，函数中的变量有作用范围。函数在读取变量时，优先读取函数本身自有的局部变量，再去读全局变量。

局部变量　变量在函数内声明，表示它是一个局部变量，作用范围只能在函数中。

全局变量　变量在函数外声明，就是全局变量，作用范围是整个程序文件。

2. 自定义函数的参数

Python中函数代码块以def关键词开头，后接函数名称和圆括号()，任何传入参数或变量必须放在圆括号中。常用的自定义函数的参数有以下几种形式。

空参数　如下图所示，自定义函数形参为空，一般情况下用于完成某个操作。

```
1  def ceshi():
2      print("你好，Welcome to Python world!")
3  ceshi()
```

位置参数　如下图所示，调用函数时根据函数定义的参数位置来传递参数。

```
1  def ceshi(a):
2      s= a*a
3      print(s)
4  ceshi(3)
```

默认参数　在定义函数时设置了默认值，当"调用函数"的参数没有传递数据时，函数可以使用其默认值。如下图所示，"n"是默认参数。

```
1 def ceshi(x,n=2):
2     s=1
3     while n >0:
4         s=s*x
5         n=n-1
6     return s
7 print(ceshi(3))
```

可变参数　定义函数时，有时候不确定调用的时候会传递多少个参数(不传参也可以)。如下图所示，"num"是可变参数，调用ceshi()函数时，"*num"是一个列表。

```
1 def ceshi(*num):
2     s=0
3     for n in num:
4         s=s+n*n
5     return s
6 print(ceshi(1,2,3,4,5))
```

项目提升 ✎

1. 注意事项

函数声明了几个参数，调用函数时也必须传递几个参数，缺一不可。同时，参数具有顺序性，不可乱了次序。但本项目是个特例，由于海伦公式中三角形的三条边没有区别，调用函数时3个参数的顺序不影响结果。

另外，由于任意N边形都可以划分成N-2个三角形，所以，本项目可以拓展为求任意多边形的面积。

2. 答疑解惑

调用函数时，函数名后圆括号()内是实际要传给函数体的数据，按照顺序逐一将形参用实参替换后执行函数体。

```
def area(a,b,c,s):←  易错1：函数体内局部变量，不能作为形参
    p=(a+b+c)/2
    s=(p*(p-a)*(p-b)*(p-c))**0.5
    return s
S1=area(8,11,)←——  易错2：调用函数时，参数不全
S2=area(12,17,19)
print("地块面积为：",'{:.2f}'.format(s1+s2))
```

项目拓展 💻

1. 阅读程序写结果

```
1 def ncf(x,n=2):
2    s=1
3    while n>0:
4        n=n-1
5        s=s*x
6    return s
7 print(ncf(5))
8 print(ncf(5,3))
9 print(ncf(5,4))
```

输出结果：＿＿＿＿＿＿＿＿＿＿＿

2. 填空题

农夫有一对兔子，从出生后第3个月起每个月都生一对小兔子，每对小兔子长到第3个月后每个月又生一对兔子，假如所有的兔子都不死，每月的兔子数为1，1，2，3，5，8，13……这就是数学中常说的斐波纳契数列。请在下面横线处填上合适的语句，实现计算某个月兔子总对数的功能。

```
1 def shulie(____): ❶
2    if t <= 2:
3        return 1
4    else:
5        return(shulie(t-1) +shulie(____) ) ❷
6 n = int(input("请输入第几个月： "))
7 print(n,"个月的兔子总对数为： ",shulie(____)) ❸
```

3. 编程题

小球从100米的高处自由下落，每次落地后反弹回原高度的一半再落下。编写自定义函数，计算小球在第10次落地时，共经过了多少米？第10次反弹的高度是多少？

📙 6.2.2 函数返回值

自定义函数的功能决定了有的函数需要返回值，有的不需要返回值。如果函数处理的是一些数据，必须有一个结果，一般使用return取得返回值；而另外一些函数是完成一组操作，如打印图形、交换两个变量的值等，则不需要使用return返回值。

项目名称　**计算理财收益**

文件路径　第6章\项目\计算理财收益.py

　　某银行推出有投资门槛、资金不同、天数不等、年利率不同的多种理财产品。身为大堂经理，刘小豆每天要根据不同客户的实际需求，向客户推荐不同的产品，并为客户预估不同产品的最终收益。刘小豆每天用计算器为客户一个一个地计算，非常麻烦，我们来帮他编写一个计算多款理财产品收益的程序吧！

项目准备

1. 提出问题

　　根据数学知识可以很容易地列出计算一款理财产品收益的公式，假定存入本金数为b元，年利率为r，存款年数为n，到期后的收益为 $v=h\times(1+r)^n-b$ 元。要计算多款理财产品的收益，涉及代码的重用，可以使用自定义函数，同时需要思考以下几个问题。

　　(1) 理财产品的周期多数按天计算，如何按年利率计算收益？

　　(2) 编写自定义函数，需要设置几个参数？

　　(3) 本项目定义自定义函数，可以没有返回值吗？

　　(4) 实际的参数是如何传递给自定义函数的？

　　(5) 为实现计算收益的功能，函数体应该如何编写？

　　(6) 函数运算结果是通过return返回，还是通过print()输出？

2. 知识准备

在Python中，一个函数可以有多个参数，也可以没有参数。同样，根据情况，有的函数需要有返回值，有的不需要。因此，我们在自定义函数时，要根据需求预设好形式参数的个数和执行结果的表达形式。

说一说　根据常识得知，计算理财产品的收益，如果按日利率计息，计息周期应转换成天；如果按年利率计息，计息周期应转换成年，即计算单位要一致。你准备怎样统一运算单位？请把数学算式写在下面的方框中。

写一写　考虑到本项目中每次计算的本金不同，存款利率不同，存款时间也不同，因此需要预设3个形式参数。然而，函数执行的结果是否必须通过return返回呢？请根据已掌握的知识，初步规划一下自定义函数吧！

项目规划

1. 思路分析

根据题意，需要编写一个自定义函数，实现计算理财产品收益的功能；然后把每一笔理财产品的本金、利率和投资时长等作为实际参数传递给函数；最后输出每次调用函数的返回值。

2. 难点分析

通过分析，本项目的重点仍然是理解形参与实参的关系，和返回形式的选择与实现。在本项目中，每次调用函数涉及的本金、利率和投资时长都可能在变化，因此，需要预设3个形参。由于每个形参的意义不同，所以，在调用函数时，要保证3个实参与3个形参一一对应。

关于函数的执行结果，在本项目中，可以通过返回值实现，也可以在函数体内通过内置函数print()实现。

3. 算法设计

计算理财收益，需要定义带3个形参的自定义函数shouyi(b,r,t)，主程序在调用自定义函数时代入实参，最终输入结果，算法如下所示。

第一步：定义计算理财收益的自定义函数shouyi(b,r,t)。

第二步：输入本金、利率、投资时长，并分别赋值给变量x、y、z。

第三步：调用函数shouyi(x,y,z)，在自定义函数体内，将实参x、y、z的值，分别传递给形参b、r、t后，执行函数体，将返回值赋值给变量licai。

第四步：按格式输出变量licai的值。

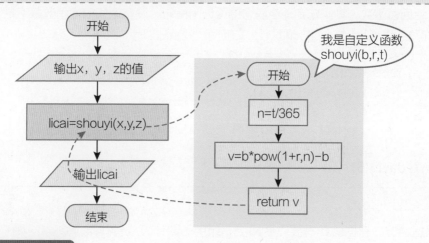

项目实施

1. 编程实现

```
1  def shouyi(b,r,t):              # 定义自定义函数 shouyi()
2      n=t/365
3      v=b*pow(1+r,n)-b
4      return v                    # 通过 return 返回函数体执行结果
5  b=float(input("输入投资本金(元):"))
6  r=float(input("输入年利率:"))
7  t=float(input("输入投资天数:"))
8  licai=shouyi(b,r,t)            # 调用自定义函数
9  print("到期收益:",'{:.2f}'.format(licai),"元")
```

2. 调试运行

```
===== RESTART: D:\第6章\项目\计算理财收益.py
=====
输入投资本金(元):10000
输入年利率:0.0402
输入投资天数:156
到期收益: 169.88 元
>>>
```
Ln: 12 Col: 4

项目支持

1. 无返回值函数

无返回值函数，其实它有一个隐含的return语句，没有返回值的函数并不是没有意义，它可能是一组操作，如打印图形、交换两个变量的值等，如下图所示。

```
1 def dayin(n):
2    for i in range(n,0,-1):
3       for j in range(i):
4          print("★", end="")
5       print("")
6 dayin(5)
```

输出结果：

```
★★★★★
★★★★
★★★
★★
★
```

2. 有返回值函数

根据情况，有些函数需要有返回值，如用函数计算或查找某个数，必须有一个结果，一般使用return取得返回值，如下图所示。

```
1 def add(a,b):
2    s=a+b
3    return s
4 z=pow(add(3,4),2)
5 print(z)
```

输出结果：49

项目提升

1. 答疑解惑

Python中函数代码块以def关键词开头，后接函数名和圆括号()，只有传入函数体的参数才放在圆括号中。调用函数时，函数名后圆括号()内是实际要传给函数体的数据，与形参一一对应。在本项目中，调用函数时的实参是x，y，z。

```
def shouyi(b,r,t,v):  ← 易错1：函数体内局部变量，不能作为形参
    n=t/365
    v=b*pow(1+r,n)-b
    return v
x=float(input("输入投资本金(元):"))
y=float(input("输入年利率:"))
z=float(input("输入投资天数:"))
licai=shouyi(b,r,t)  ←——— 易错2：调用函数时，应是实参：x,y,z
print("到期收益:",'{:.2f}'.format(licai),"元")
```

2. 程序改进

对于本项目，主程序在调用自定义函数后，没有对函数的返回值进行再运算。因此，可以将输出操作放到函数体中，将有返回值函数转换为无返回值函数。同时，可将自定义函数的功能设计为计算到期后的总款数，具体修改如下图所示。

```
1 def shouyi(b,r,t):
2     n=t/365
3     v=b*pow(1+r,n)              # 计算到期后总款
4     # 无return返回值，但在自定义函数内执行输出操作
5     print("到期后总款为:",'{:.2f}'.format(v),"元")
6 x=float(input("输入投资本金(元):"))
7 y=float(input("输入年利率:"))
8 z=float(input("输入投资天数:"))
9 shouyi(x,y,z)                   # 调用函数
```

调试运行，结果如下。

```
===== RESTART. D:\第6章\项目\计算理财收益A.py
====
输入投资本金(元):10000
输入年利率:0.0402
输入投资天数:156
到期后总款为: 10169.88 元
>>>
                                                    Ln: 18 Col: 4
```

项目拓展

1. 阅读程序写结果

```
1 def swap(a,b):
2     a,b=b,a
3     print("交换后，a=",a,"b=",b)
4 a=6
5 b=88
6 print("交换前，a=",a,"b=",b)
7 swap(a,b)
```

输出结果：_____

2. 填空题

完善程序，实现调用一个无返回值函数，根据需要只输出某个数字的乘法口诀。

```
1  def kj(____): ❶
2      for i in range(1,10):
3          print(a,"*",i,"=",____) ❷
4  x=int(input())
5  kj(____) ❸
```

3. 编程题

汉诺塔游戏的目标是将所有的圆盘从A柱子移到C柱子，同时遵守以下规则：(1)除了被移动时，所有圆盘都必须放在柱子上；(2)一次只能移动1个圆盘；(3)圆盘不能放在比它小的圆盘上面。请编程求解A柱子上的10个盘子全部移到C柱子上的最少次数？

6.3 函数封装

在编程解决问题的过程中，我们可以采用模块化的思想，将问题分解成若干个子问题，并用相对独立的程序段有针对性地解决各个子问题。对于一些常用的功能代码，我们可以将其编写成自定义函数，以模块化形式进行保存、封装。常用的内置模块有random、math、turtle等。

6.3.1 生成模块

程序内部的自定义函数，只能在这个函数内部被调用。为让自定义函数像内置模块中的函数一样，能随时被其他程序调用，或发布出去供他人使用，可以将其生成模块。

 | 项目名称 ▶ **火柴棒摆数字问题**
文件路径 ▶ 第6章\项目\mokuai文件夹

刘小豆最近迷上了用火柴棒拼自然数的游戏：给定火柴棒的根数，在正好用完火柴棒的前提下，列出所有能摆出的自然数。刘小豆想采用模块化编程解决此问题，但不会编写实现"计算一个自然数需要多少根火柴棒"的函数，通过QQ向你求救。请你编写一个具有此功能的函数模块，分享给他使用。

6根　2根　5根　5根　4根　5根　6根　3根　7根　6根

项目准备

1. 提出问题

Python语言中的模块是一个扩展名为".py"的程序文件。要编写和发布一个模块，需要思考以下几个问题。

> (1) 如何组织和编写模块内的代码实现所需的功能？
>
> (2) 如何安装和发布模块文件？需要做哪些准备工作？

2. 知识准备

对于一些复杂的问题，通常采取"分而治之"的策略。模块化后，还要确定每一个模块内部的算法，并用特定的程序设计语言来编写程序。

填一填　编写和发布模块前的准备工作包括：建立文件夹用于存放模块文件和安装文件，为模块文件以及内部的自定义函数命名等。为方便调用，建议全用英文命名，不可使用系统保留字或标识符等。请把你的规划填写在下图中。

查一查　模块文件与自定义函数有什么关系？安装文件setup.py里面的内容，有哪些参数要与模块名一致，模块才能被成功安装？请填写在下面的方框中。

项目规划

1. 思路分析

根据前期分析，本项目拟在D:\创建一个文件夹，命名为mokuai，接着，新建模块文件huochai.py和安装文件setup.py，保存在mokuai文件夹中；其次，在huochai.py文件中编写自定义函数bangshu()，在setup.py文件中输入发布所需的代码；最后，安装模块并测试。

2. 难点分析

模块huochai.py的内容就是自定义函数bangshu()。如何计算一个自然数需要多少根火柴棒呢？首先定义一个列表，用于存储0～9每个数字需要的火柴棒数。然后将组成自然数的各数字所需的火柴棒数相加，就是这个自然数需要的火柴棒数。如何取出每一位上的数字呢？接下来，可以通过将这个自然数除以10取余，求得个位数；接着将这个数除以10取整，去掉个位数，重复以上两步直到这个数为0，所有数位上的数字就取出来了！

3. 算法设计

定义列表mgs=[6,2,5,5,4,5,6,3,7,6]，用于存储0~9每个数字分别需要多少根火柴棒。如果传递给函数bangshu()的实参是0，这个自然数需要的火柴棒数为s=6；否则，把每一位上的数字取出来后，累加所有的火柴棒数得到s，最后返回s的值，流程图如下。

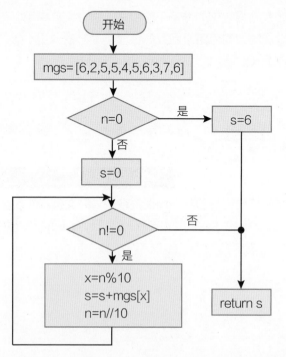

项目实施

1. 编写模块文件

新建Python文件，编写自定义函数bangshu()，代码如下图所示，命名为huochai.py，保存在D:\mokuai文件夹中。

```
 1  def bangshu(n):
 2      mgs=[6,2,5,5,4,5,6,3,7,6]    # 列表用于存储0~9每个数字
                                        需要的火柴棒数
 3      if n==0:
 4          s=6
 5      else:
 6          s=0
 7      while (n!=0):
 8          x=n % 10
 9          s=s+mgs[x]
10          n=n//10
11      return s
```

2. 编写安装文件

新建Python文件，编写安装程序，如下图所示，命名为setup.py，保存在D:\mokuai文件夹中。其中，"py_modules=[]"中的参数必须是待安装的模块文件名。

```
 1  from distutils.core import setup
 2  setup(
 3      name='火柴棒根数',
 4      description='计算1个数需要多少根火柴棒',
 5      version='1.6.8',
 6      py_modules=['huochai'],    # 此参数必须是待安装的模块文件名
 7      author='刘小豆',
 8      author_email='9993552@qq.com',
 9      )
```

3. 安装模块

按下图所示操作，进入命令提示符模式，依次输入"D:\""cd mokuai""python setup.py install"后按回车键，完成模块安装。

4. 调试运行

按下图所示操作，依次输入"python""import huochai""huochai.bangshu(7)""huochai.bangshu(116)"后按回车键，给出的运算结果分别是3和10，你还可以替换别的参数再验证。经检验，摆出自然数7和116分别需要3根和10根火柴棒，说明模块函数编写符合要求。

项目支持

1. 模块化程序设计思想

对于一个复杂问题，通常采取"自顶向下、分而治之"的策略，即将一个完整的问题分解成若干个小问题，直至每个小问题都能实现一个功能，再将每个小问题编写成一个个模块和函数。在Python语言中，主要利用函数、模块等方式实现模块化程序设计。

2. 截取自然数

要截取自然数n的某一个数位，可以利用整除运算符"//"和取余运算符"%"进行相应的操作，如下图所示。

截去个位： 　　$1678//10 = 167$ 截去十位和个位： 　　$1678//100 = 16$ 截去百位、十位和个位： 　　$1678//1000 = 1$	取得个位： 　　$1678 \% 10 = 8$ 取得最后两位： 　　$1678 \% 100 = 78$ 取得最后三位： 　　$1678 \% 1000 = 678$

6.3.2　调用模块

在编写程序时，经常需要调用其他模块中的函数，这些模块包括内置模块和来自他人分享的第三方模块。

项目名称	**火柴棒摆自然数问题**
文件路径	第6章\项目\火柴棒摆自然数问题.py

方轻舟同学收到刘小豆的求助后，编写了实现"计算一个自然数需要多少根火柴棒"功能的模块。刘小豆安装了好友发来的模块文件，现在请你试着和刘小豆一起，用huochai模块中的bangshu()函数编写程序，求解火柴棒摆自然数的问题。

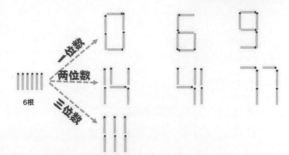

项目准备

1. 提出问题

编程解决"正好用完输入的火柴棒数，输出能摆出的所有自然数"问题前，刘小豆已经完成了模块文件的安装，想调用模块中的函数，还需要思考以下几个问题。

(1) 如何导入模块文件？

(2) 调用模块中的函数格式是什么样的？如何调用？

2. 知识准备

在编程时，可以直接导入内置模块，调用其中所需的函数。第三方或个人编写的模块，需要先安装模块文件，才能在程序中导入所需的模块，再调用模块中的函数。

说一说　在编程时，第三方模块和内置模块的导入方法是一样的，一般写在程序的开始位置，说一说导入模块的两种模式，并写在下面的方框中。

想一想　内置函数可以直接使用；自定义函数，在定义后可以反复使用；模块中的函数，在模块导入后才能使用。想一想，如何调用模块中的函数？以调用math模块中的向下取整函数floor()为例，把3.5向下取整的代码填写在下面的方框中。

项目规划

1. 思路分析

本项目的任务是调用模块中的函数，完成主程序的编写。要找出正好用完给定的n根火柴棒摆出的数字，可以采用穷举法列出解的范围，然后逐个判断每一个数是不是恰好需要n根火柴棒。其中，在列举穷举范围时用到了内置模块math，在检验判断解的过程中用到了自定义模块huochai。

2. 难点分析

如何确定穷举范围呢？我们知道，穷举法的运算效率是由穷举范围和判断条件决定的，应尽量缩小穷举范围，但也不能漏解。0~9这十个数字中，用火柴棒根数最少的数字是"1"，只有两根。因此给定的n根火柴棒，所能摆出的最大数是1*10n/2+1*10n/2-1+…+1。假如n是偶数，输入6，能摆出的最大数是111。

问题来了，如果n是奇数呢？比如输入7，能摆出的最大数是711，所以，穷举范围111会有漏解，同时没有必要穷举到1111。考虑到输入的整数的奇偶性，所以穷举范围要调整为：7*10 math.floor (n/2)+1*10 math.floor (n/2-1)+…+1(math.floor()为内置模块中的向下取整函数)。

3. 算法设计

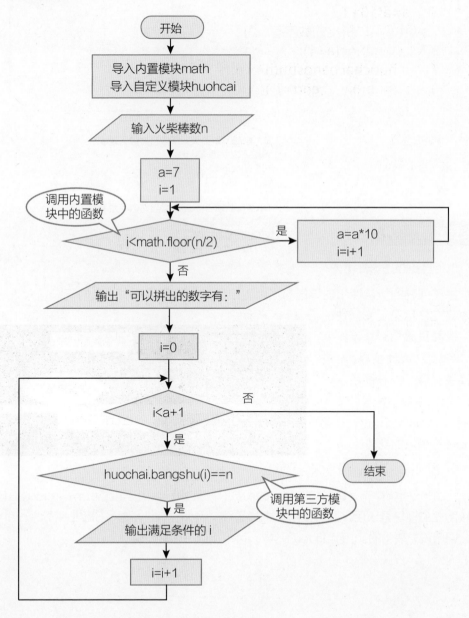

项目实施

1. 编程实现

```
1  import math                        # 导入内置模块 math
2  import huochai                     # 导入第三方模块 huochai
3  n=int(input("请输入火柴棒数："))
4  a=7
5  for i in range(1,math.floor(n/2)): # 计算穷举范围
6      a=a*10+1
7  print("可以拼出的数字有：")
8  for i in range(a+1):
9      if huochai.bangshu(i)==n:      # 调用模块中的函数
10         print(i,"  ",end="")
```

2. 调试运行

如右图所示。

```
D:\第6章\项目\火柴棒摆自然数问题.py
请输入火柴棒数：6
可以拼出的数字有：
0  6  9  14  41  77  111
>>>
D:\第6章\项目\火柴棒摆自然数问题.py
请输入火柴棒数：7
可以拼出的数字有：
8  12  13  15  21  31  47  51  74  117  171  711
>>>
```

项目支持

1. 包管理工具安装模块

由于问题的复杂性和独特性，当内置模块不能满足需要时，我们可以导入第三方模块。在使用第三方模块之前，需要进入命令提示符模式，通过包管理工具pip进行模块安装。如右图所示，在DOS命令提示符号处输入"pip install numpy"，完成numpy模块的安装。

2. 模块中函数的调用方法

Python模块补充了许多功能强大的函数，在使用import语句或from-import语句将函数所在的模块导入后，即可使用其中的函数。例如，在Python Shell 中导入math模块，调用该模块中的sqrt()和floor()函数，可采用以下两种方法。

方法一：
```
>>> import math
>>> math.sqrt(16)
4.0
>>> math.floor(3.9)
3
```

方法二：
```
>>> from math import sqrt
>>> sqrt(16)
4.0
>>> from math import floor
>>> floor(3.9)
3
```

项目拓展

1. 改错题

利用递归法求斐波那契数列的第n个数。刘小豆同学在tuzi模块中编写了自定义函数 shulie()，如下图所示，在主程序调用的过程中，有两处错误，快来改正吧!

```
1 def shulie(t):
2     if t <= 2:
3         return 1
4     else:
5         return(shulie(t-1) + shulie(t-2))
```

模块tuzi.py中的自定义函数

```
1 import shulie ——❶
2 n = int(input("请输入第几个月：  "))
3 print(n,"个月的兔子总对数为：  ",shulie(n)) ——❷
```

主程序调用模块中的函数

错误❶：_____　　错误❷：_____

2. 填空题

高一年级有5名同学参加男子跳高比赛决赛，为公平起见，刘小豆同学使用Python的内置模块random编写程序，确定出场顺序，请在横线处填上合适的语句帮他完善程序。

```
1 import ____ ❶
2 name=["冯昊","方轻舟","刘晨宇","刘佳睿","刘心语"]
3 _____ .shuffle(name) ❷
4 for a in _____ : ❸
5     print(a)
```

3. 编程题

请编写一个模块my_module.py，在其中编写自定义函数shengxiao()，实现调用此函数时，将一个人的出生年份作为参数，返回值是他的生肖。并编写一个安装程序 setup.py，将此模块安装到自己的系统中。

第7章

Python 编程算法

在遇到实际问题时，首先要把握问题的核心和要点，然后使用自然语言、数学公式或程序流程图把问题准确地描述出来，最后再使用 Python 语言来编写程序。本章将通过大量的例题来介绍解析算法、枚举算法、递推算法等，尽可能多地测试输入和输出数据，通过反复验证，实现问题要求。

面对同一问题，可以考虑采用不同的算法来解决。如可通过改变程序判断条件、减少循环次数等方式优化算法。使用相同的测试数据，运行程序，记录运行结果与时间，从而选择出相对合适的算法。

学习内容

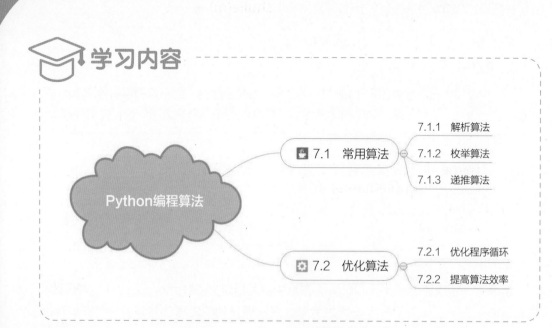

7.1　常用算法

算法是为解决问题而出现的，有问题的地方就有算法。虽然处理每个问题所需要用到的算法可能不一样，但是把各种问题的处理方法抽象地总结出来，就可以得到一些基本的算法思想。常用的算法有解析算法、枚举算法、递推算法、递归算法等。

7.1.1　解析算法

解析算法是指找出解决问题的前提条件与要求的结果之间关系的表达式，并计算表达式来实现问题求解的方法。通过具体分析将问题抽象成数学模型，借助解析式，用已知条件为变量赋值进行求解。

项目名称	**计算一元二次方程的根**
文件路径	第7章\项目\计算一元二次方程的根.py

王胜海寒假时写了很多一元二次方程的练习题，写着写着，他发现一元二次方程的练习题是有一定规律的，所以想用编程的方式，编写一个计算 $ax^2+bx+c = 0$ 的根的程序。在程序运行时需输入练习题上对应的3个关键数a，b，c，运行程序就能输出一元二次方程的根。

如何编程呢？

项目准备

1. 提出问题

将计算一元二次方程的根的数学问题转换成计算机可运行的程序问题，如同做一个项目。在做项目之前，需要思考有关一元二次方程求解根的一些具体问题，需要思考的问题如下。

(1) 求解一元二次方程有哪些方法？

(2) 为方便编写程序，你准备用哪种方式求解？

(3) 编程求解的过程中，要设计几个变量？

2. 明确问题

用程序编写一元二次方程的根的求解过程，需借助已知条件找出求根的解析式。通过分析，可知a,b,c这3个变化的数是一元二次方程的已知条件。只要找到a,b,c与方程$ax^2+bx+c=0$关系的解析式，再将解析式转换成Python表达式，即可编程求根。请在下图中将方程的根的求解的解析式写成Python语言的表达式。

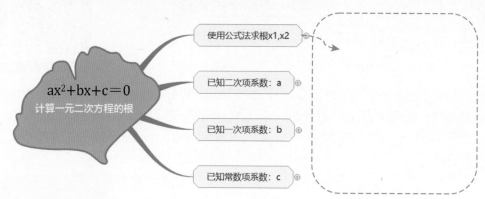

项目规划

1. 思路分析

在求解一元二次方程$ax^2+bx+c=0$的过程中，关键变量是a,b,c。其中ax^2是二次项，a是二次项系数；bx是一次项，b是一次项系数；c是常数项。使方程左右两边相等的未知数的值就是这个一元二次方程的根。

2. 难点分析

在使用解析算法编程处理问题时，最关键的部分是通过分析将问题抽象成数学模型，借助解析式，用已知条件为变量赋值进行求解。在计算一元二次方程的根时，存在以下难点。

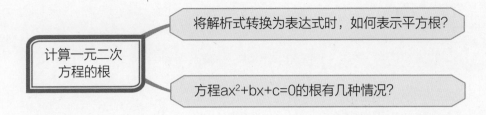

例如数学解析式 $\sqrt{b^2-4ac}$ 在Python中可以用math.sqrt(b*b-4*a*c)来表示。其中 math.sqrt()是平方根函数。

用公式法求$ax^2+bx+c=0$的根，可先求出一元二次方程的根的判别式$d=b^2-4*a*c$的 值。若d>0有两个不相等的实数根；若d=0有两个相等的实数根；若d<0没有实数根。

3. 算法设计

求一元二次方程$ax^2+bx+c=0$的根，首先判断输入的a,b,c的值是否符合要求，用公 式法解一元二次方程，程序解析步骤如下。

　　第一步：把方程化成一般形式$ax^2+bx+c=0$，确定a,b,c的值(注意符号)。

　　第二步：求出一元二次方程的根的判别式$d=b^2-4ac$的值，判断根的情况。

　　第三步：若$b^2-4ac>0$，则有两个不相等的实数根；若$b^2-4ac=0$，则有两个相等的实数根；若$b^2-4ac<0$则没有实数根，求出方程的根。

　　第四步：输出方程的根。

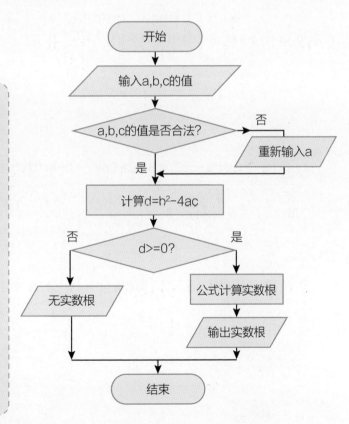

项目实施

1. 编程实现

```
1  import math
2  a= int(input("请输入二次项系数a的值："))
3  b= int(input("请输入一次项系数b的值："))
4  c= int(input("请输入常数项c的值："))
5  if  a==0:        ——→ a为0就不是一元二次方程
6      a=int(input("输入错误，请重新输入a："))
7  d=b**2-4*a*c     ——→ 一元二次方程的根的判别式
8  if d>=0:
9      if  d==0:
10         x1=x2=-b/(2*a) ——→ 有两个相等的实数根
11     else:
12         x1 = (-b+math.sqrt(d))/(2*a) ⎫ 有两个不相
13         x2 = (-b-math.sqrt(d))/(2*a) ⎭ 等的实数根
14     print("x1=",x1,"\t","x2=",x2)
15 else:
16     print("无实数根") ——→ 无实数根
```

2. 调试运行

```
D:\第7章\项目\计算一元二次方程的根.py
==================
请输入二次项系数a的值：1    ⎫ 测试结果
请输入一次项系数b的值：9    ⎬ 是否有两
请输入常数项c的值：0        ⎪ 个不相等
x1= 0.0    x2= -9.0        ⎭ 的实数根
>>>
```

```
D:\第7章\项目\计算一元二次方程的根.py
==================
请输入二次项系数a的值：2    ⎫ 测试结果
请输入一次项系数b的值：4    ⎬ 是否有两
请输入常数项c的值：2        ⎪ 个相等的
x1= -1.0   x2= -1.0        ⎭ 实数根
>>>
```

```
D:\第7章\项目\计算一元二次方程的根.py
==================
请输入二次项系数a的值：1    ⎫ 测试结果
请输入一次项系数b的值：3    ⎬ 有无实数
请输入常数项c的值：5        ⎭ 根
无实数根
>>>
```

```
D:\第7章\项目\计算一元二次方程的根.py
==================
请输入二次项系数a的值：0    ⎫ 测试输入
请输入一次项系数b的值：4    ⎪ 错误数据
请输入常数项c的值：3        ⎬ 后程序的
输入错误，请重新输入a：1   ⎪ 执行情况
x1= -1.0   x2= -3.0        ⎭
```

项目支持

1. 解析算法

解析法是最常用的一种算法。使用该算法要善于运用数学、物理、化学等学科知识

和方法来分析问题,找出问题中各要素之间的关系。使用形式化的符号和公式表达要素之间的关系,得出解决问题所需的表达式。最后再进行编程调试,测试程序运行结果。

2. 应用过程

使用解析算法求解问题的过程一般分为4个主要步骤。现以计算三角形的边长问题为例,其他符合解析法编程要求的问题,均可参照。

第1步 分析问题建立数学模型。

> 题目:已知三角形的两个边长a、b和夹角C的角度,求第三条边c的长度。

第2步 根据数学模型写出解析式。

> 余弦定理:可以解决已知三角形两边及夹角求第三边的问题。

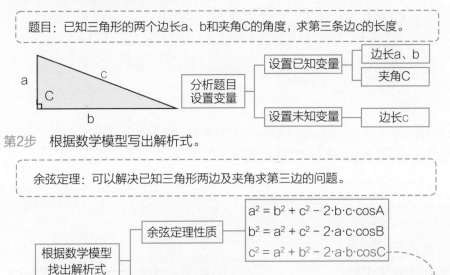

第3步 将解析式转换成表达式并编写程序。

```
1 from math import cos, pi
2 def thirdLength(a, b, C):
3     C = C/180*pi              把角度转换为弧度
4     c= (a**2 + b**2 - 2*a*b*cos(C))**0.5   将余弦定理转换为表达式
5     return c
6 print(thirdLength(3 ,4 ,90))
```

第4步 调试并测试解析算法运行结果。

```
D:\第7章\项目\已知两边与一角求第三边.py
==================
5.0
>>>
```

项目提升 ✍

1. 典型错误

在使用解析算法编程求解时，有时需要考虑已知或未知数据的类型。如求 $ax^2+bx+c=0$ 的根时，输入a,b,c的值，若测试数值为小数，就需要修改程序接收的输入数据的类型。

```
1  import math
2  a= int(input("请输入二次项系数a的值："))
3  b= int(input("请输入一次项系数b的值："))
4  c= int(input(...
```

如需将int改为float

```
请输入二次项系数a的值：1.4
Traceback (most recent call last):
  File "D:\第7章\项目\计算一元二次方程的根.py", line 2, in
    a= int(input("请输入二次项系数a的值："))
ValueError: invalid literal for int() with base 10: '1.4'
>>>
```

2. 程序改进

还可以对一元二次方程 $ax^2+bx+c=0$ 的求解过程进行进一步优化，例如可以使用自定义函数，提高程序一次性测试的执行效率。

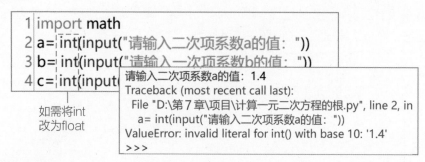

```
 1  import math
 2  def root(a,b,c):        ←——自定义函数
 3      if a==0:
 4          a=float(input("输入错误，请重新输入a："))
 5      d=b**2-4*a*c
 6      if d>=0:
 7          if d==0:
 8              x1=x2=-b/(2*a)
 9              print("x1=x2=",x2)
10          else:
11              x1= (-b+math.sqrt(d))/(2*a)
12              x2= (-b-math.sqrt(d))/(2*a)
13              print("x1=",x1,"\t","x2=",x2)
14      else:
15          print("无实数根")
16      return "测试数据正确！"
17  print(root(1,9,0))  # 测试是否生成两个不相等的实根
18  print(root(2,4,2))  # 测试是否生成两个相等的实根
19  print(root(1,3,5))  # 测试输出复数根
20  print(root(0,9,0))  # 测试是否出错
```

```
D:\第7章\项目\计算一元二次方程的根a.py
=================
x1= 0.0    x2= -9.0
测试数据正确！
x1=x2= -1.0
测试数据正确！
无实数根
测试数据正确！
输入错误，请重新输入a：3.23
x1= 0.0    x2= -2.7863777089783284
测试数据正确！
>>>
```

项目拓展

1. 写注释题

下面的程序用来计算三角形第三边边长，请分析程序中代码的注释，填写在下面相应项的后面。

```
1 from math import cos, pi
2 def thirdLength(a, b, C):
3     C = C/180*pi          # 注释1：
4     return (a**2 + b**2 + 2*a*b*cos(C))**0.5          # 注释2：
5 print(thirdLength(3 ,4 ,90))
```

注释1：＿＿＿＿＿＿＿＿＿＿＿＿＿＿＿＿＿＿＿＿＿

注释2：＿＿＿＿＿＿＿＿＿＿＿＿＿＿＿＿＿＿＿＿＿

2. 填空题

下面的程序用来根据并联电路电阻的计算公式 $1/R = 1/R_1 + 1/R_2 + 1/R_3 + \cdots + 1/R_n$，求并联电路的电阻。请在横线处填上合适的语句，完善代码。

```
1 def compute(lst):
2     r = sum(map(lambda x:1/x, lst))
3     return round(_____)
4 print(compute([50, 30, 20]))
```

3. 编程题

请编写计算存款利率的程序。问题：假设存了5年，取出来的钱为5000元，当初存了4200元，利率为多少？

提示：存款利率的数学模型，现在的钱/原来的存款=(1+利率)的n次方，n为年数。

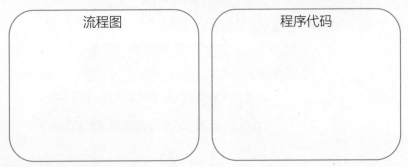

流程图　　　　　　　　程序代码

7.1.2　枚举算法

枚举算法是指依据问题的已知条件，确定答案的大致范围，在此范围内列举出它所有可能的情况的方法。在列举过程中，既不能遗漏，也不能重复，通过逐一判断，验证哪些情况满足问题的条件，从而得到问题的答案。

项目名称	**遗忘的密码**
文件路径	第7章\项目\遗忘的密码.py

梁星河需要接收一封重要的来信，但她把邮箱的密码忘记了。通过交流，梁星河想起了部分密码信息，请你利用编写程序的方式，帮助她找出所有可能的密码。

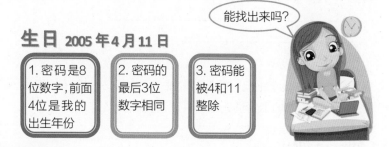

生日 2005 年 4 月 11 日

1. 密码是8位数字，前面4位是我的出生年份

2. 密码的最后3位数字相同

3. 密码能被4和11整除

能找出来吗？

项目准备

1. 提出问题

根据题目的描述，我们可知三个求解密码的关键信息。由第一个信息可知密码是8位数字，前面的4位数字是2005。由第二个信息可知密码的最后3位数字相同。由第三个信息可知密码能同时被(星河的出生月份与日期)4和11这两个数整除。根据上述信息，请思考以下几个问题。

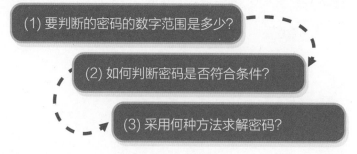

(1) 要判断的密码的数字范围是多少？

(2) 如何判断密码是否符合条件？

(3) 采用何种方法求解密码？

2. 明确问题

根据题目所提供的已知条件，我们能够确定密码的大致范围，在这些范围中还要根据信息中的第二条与第三条列举出所有可能的情况。

条件1：该8位数可以被4与11这两个数整除

条件2：百位数等于十位数等于个位数

前4位数是2005　　最后3位数字相同

项目规划

1. 思路分析

根据问题的描述可知，需要判断的密码的范围为20050000～20059999。密码的最后3位数字相同，且还能被4和11整除。可以使用循环的方式进行逐一推算，这种方式称之为枚举算法，具体实施方法如下。

首先，确定枚举对象和枚举范围。

其次，明确验证问题成立的条件。

最后，借助循环语句和条件语句进行相应的程序设计。

2. 难点分析

在了解了题目中的一些重要信息点之后，需要根据这些信息点，将文字内容转换成计算机可以运行的表达式。请参考下面变量的设置，试着写一写密码判断的条件表达式。

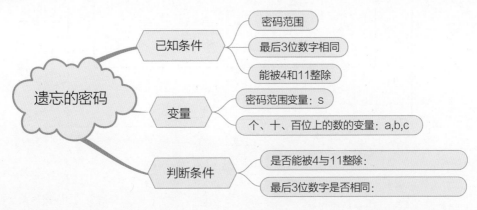

遗忘的密码

已知条件
- 密码范围
- 最后3位数字相同
- 能被4和11整除

变量
- 密码范围变量：s
- 个、十、百位上的数的变量：a,b,c

判断条件
- 是否能被4与11整除：
- 最后3位数字是否相同：

3. 算法设计

"遗忘的密码"问题的求解过程、程序步骤如下。

第一步：根据密码的范围，确定循环的次数。
第二步：判断是否能被4与11整除。
第三步：判断最后3位数字是否相同。
第四步：输出符合条件的密码。

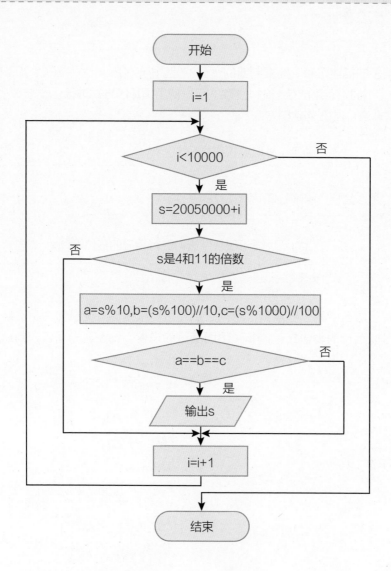

项目实施

1. 编程实现

```
1 for i in range(0,10000):        # 枚举密码的范围
2     s=20050000+i
3     if s % 4==0 and s %11==0:    # 判断是否能被4与11整除
4         a=s%10                   # 求个位数
5         b=(s%100)//10            # 求十位数
6         c=(s%1000)//100          # 求百位数
7         if a==b ==c :            # 判断后3位数是否相等
8             print(s)
```

2. 调试运行

运行程序，程序按要求进行逐一的判断，直到找出指定范围内所有符合条件的密码。即我们在使用枚举算法时，一定要考虑好范围，既不能遗漏，也不能重复。通过逐一判断，验证所有满足要求的条件，从而得到问题的答案。

```
D:\第7章\项目\遗忘的密码.py
===========
20050888 ⌉
20053000 ⎬  有3组符合条件的
20057444 ⌋  密码数据
>>>
```

项目支持

1. 枚举算法

枚举算法需要逐一验证所有可能的情况，运算量比较大，解决问题的效率不够高。因此，在应用枚举算法求解问题时，需要考虑优化算法，选择恰当的枚举对象，尽量分析出问题中的隐含条件，缩小枚举范围，以提高解决问题的效率。

分析问题 ➡ 选择恰当的枚举对象 ➡ 缩小枚举范围

2. 应用过程

下面以"求N以内的素数"案例为例，使用枚举算法进行编程分析。

编程步骤	作用	案例应用说明
分析问题数学建模	从可能的集合中一一列举各元素，根据所知道的知识，给出一个猜测的答案	2是素数，那2是本题的解
查找条件转换代码	对可能是解的每一项，根据题目给定的检验条件，判断哪些是成立的	使条件成立的答案即为本题的解
逐一判断找出结果	判断猜测的答案是否正确	2是小于N的最大素数吗？判断后再进行新的猜测
注意事项关键因素	猜测结果必须是前面的猜测中没有出现过的，猜测的过程中要及早排除错误答案	每次猜测的素数一定要比已经找到的素数大，如除2之外，只有奇数才可能是素数

3. 注意事项

建立数学模型　模型中变量数尽可能地少(使规模尽量小)，它们之间相互独立。例如，求"小于N的最大素数"中的条件是"n不能被[2,n)中任意一个素数整除"，而不是"n不能被[2,n]中任意一个整数整除"。

减少搜索的空间　利用相关知识缩小模型中各变量的取值范围，避免不必要的计算。比如，在求N以内的素数时，减少代码中循环体执行的次数。如除2之外，只有奇数才可能是素数，{2,2*i+1|1<=i,2*i+1<n}。

采用合适的搜索顺序　搜索顺序要与模型中的条件表达式一致，例如在求N以内的素数时，使用{2,2*i+1|1<=i,2*i+1<n}代码，按照从小到大的顺序搜索。

项目拓展

1. 改错题

下面的程序用来解决鸡兔同笼问题，上有三十五头，下有九十四足，问鸡兔各几只？其中标出的地方有错误，快来改正吧！

```
1  for x in range(1,100) _____❶
2      y = 35 - x
3      if 4*x + 2*y = 94 _____❷
4          print('兔子有%s只，鸡有%s只'%(x, y))
```

错误❶: _____　　错误❷: _____

2. 填空题

公鸡5文钱一只，母鸡3文钱一只，小鸡3只一文钱，用100文钱买一百只鸡，其中公鸡、母鸡、小鸡都必须要有，问要买多少只公鸡、母鸡和小鸡刚好凑足100文钱。阅读下面的程序，在横线处填上合适的语句，完善代码。

```
1  for x in range(1,100):
2      for y in range(1,100):
3          z = 100 -x-y
4          if (❶_____ ) and  (❷_____ ) :
5              print(x,y,z)
```

3. 编程题

编程输出1000以内的所有素数。

提示：素数是在大于1的自然数中，除了1和它本身以外不再有其他因数的数，如10以内的素数有2，3，5，7。

流程图	程序代码

7.1.3　递推算法

客观世界中的各个事物之间往往存在着很多本质上的关联，使用递推算法常可找出这之间的关联。递推算法从已知的初始条件出发，依据某种递推关系，逐次推出所要求的各中间结果及最后结果。我们先归纳总结出其内在规律，再把这种规律性的东西抽象成数学模型，最后再去编程实现。

项目名称　**你钓了多少条鱼**

文件路径　第7章\项目\你钓了多少条鱼.py

5位同学一起去钓鱼，他们钓到的鱼的数量各不相同。问第1位同学钓了多少条时，他指着旁边的第2位同学说比他多钓了两条；问第2位同学时，他又说比第3位同学多钓了两条……如此，都说比右侧的同学多钓了两条。最后问到第5位同学时，他说自己钓了4条鱼。那么其他同学分别钓了多少条鱼？

项目准备

1. 提出问题

递推关系是一种简洁高效的数学模型，要求解的问题中，每个数据项都和前面(或后面)的若干个数据项有一定的关联，这种关联一般是通过一个递推关系式来表示的。根据上述信息，请思考以下几个问题。

(1) 问题中的递推关系式是什么？

(2) 是向前还是向后递推？递推的初始值是多少？

2. 明确问题

根据题目所提供的已知条件，我们能够确定每位同学都比右侧的同学多钓两条，最右侧的同学钓了4条。从右往左递推可知道第1位同学钓了12条鱼，根据上述信息在下图中填写内容。

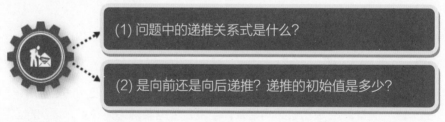

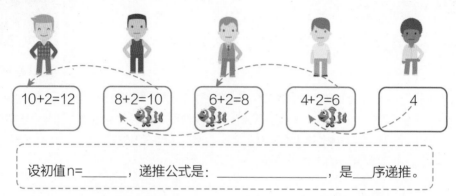

设初值n=_____，递推公式是：_____，是___序递推。

项目规划

1. 思路分析

利用递推算法解决问题，需从已知条件出发，利用特定关系得出中间推论，直到得到结果。根据"你钓了多少条鱼"问题的描述，需要做好以下工作。

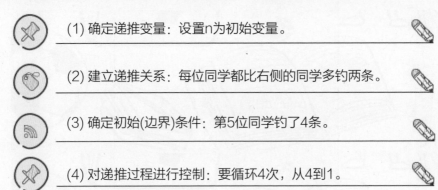

(1) 确定递推变量：设置n为初始变量。

(2) 建立递推关系：每位同学都比右侧的同学多钓两条。

(3) 确定初始(边界)条件：第5位同学钓了4条。

(4) 对递推过程进行控制：要循环4次，从4到1。

2. 难点分析

递推关系是指从变量的前值推出其下一个值，或从变量的后值推出其上一个值的公式(或关系)。递推关系是递推的依据，是解决递推问题的关键。大多数实际问题并没有现成的、明确的递推关系，需根据问题的具体情况，通过分析和推理得出。本项目的递推过程如下图所示。

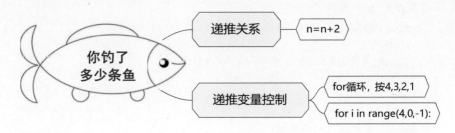

3. 算法设计

"你钓了多少条鱼"问题的求解过程、程序步骤如下。

第一步：确定初始递推变量n=4。

第二步：根据已知条件，确定循环的次数。

第三步：运行递推公式。

第四步：按顺序输出递推结果。

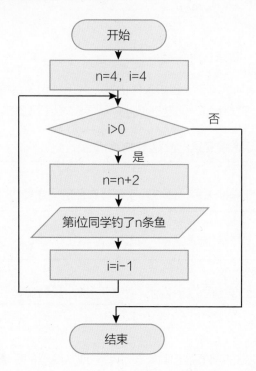

1. 编程实现

```
1  n=4
2  for i in range(4,0,-1):      # 控制递推过程
3      n=n+2                    # 递推公式
4      print("第%d位同学钓了%d条鱼"%(i,n))
```

2. 调试运行

```
D:\第7章\项目\你钓了多少条鱼.py
===============
第4位同学钓了6条鱼
第3位同学钓了8条鱼      按顺序递推每位
第2位同学钓了10条鱼    同学所钓的鱼数
第1位同学钓了12条鱼
>>>
```

项目支持

1. 递推算法

所谓递推，是指从已知的初始条件出发，依据某种递推关系，逐次推出所要求的各中间结果及最后结果。其中初始条件或是问题本身已经给定，或是通过对问题的分析与

化简后确定。用递推算法求解的问题一般有两个特点：一是问题可以划分成多个状态；二是除初始状态外，其他各个状态都可以用固定的递推关系式来表示。

2. 应用过程

使用递推算法求解问题的过程有 3 个关键步骤。现以猴子吃桃问题为例，其他符合递推法编程要求的问题，均可参照。

第1步　分析问题，初步建立数学模型。以下猴子吃桃问题，倒着推：第6天还没吃，就剩1个，说明第5天吃完一半再吃1个还剩1个。假设第6天还没吃之前有p个桃子，得出公式p*1/2-1=1，即可得p=4。根据题意可用数学公式方法，解出结果。

猴子吃桃问题：猴子第一天摘下若干个桃子，当即吃了一半，还不过瘾，又多吃了一个。第二天早上又将剩下的桃子吃掉一半，又多吃了一个。以后每天早上都吃了前一天剩下的一半且再多吃一个。到第六天早上想再吃时，发现只剩下一个桃子了。求第一天共摘了多少个桃子。

6天	5天	4天	3天	2天	1天
1个桃子	4个桃子	10个桃子	22个桃子	46个桃子	94个桃子

第2步　根据数学模型确定递推算法。第6天还没吃之前的桃子数量初始化p=1，之后从5至1循环5次，根据上述公式反推为p=(p+1)*2可得出第1天还没吃之前的桃子的数量。

(1) 确定递推变量：p
(2) 建立递推关系：反推为p = (p+1) * 2
(3) 确定初始（边界）条件：p= 1
(4) 对递推过程进行控制：for i in range(5,0,-1):

第3步　根据递推算法编写并调试程序。

```
1  p = 1
2  print('第6天吃之前就剩1个桃子')
3  for i in range(5, 0, -1):          # 控制递推过程
4      p = (p+1) * 2                   # 递推公式
5      print('第%s天吃之前还有%s个桃子' % (i, p))
6  print('第1天共摘了%s个桃子' % p)
```

项目拓展

1. 改错题

假设一段楼梯共有15个台阶，小明一步最多能上3个台阶，下面的程序用来计算小明上这段楼梯一共有多少种方法，其中标出的地方有错误，快来改正吧!

提示: 递推公式f(n) = f(n-1) + f(n-2) + f(n-3)。运行结果: 5768。

```
1  def climbStairs1(n):
2      a = 1
3      b = 2
4      c = 4
5      for i in range(n-3):
6          m = a + b +c
7          a = m                    ❶
8          b = a                    ❷
9          c = b                    ❸
10     return c
11 print (climbStairs1(15))
```

错误❶: _____   错误❷: _____   错误❸: _____

2. 填空题

斐波那契数列: 1,1,2,3,5,8,13,21,34,…。下面程序是用递推算法编写的，请在横线处填上合适的语句将其补充完整。

提示: 递推公式a, b = b, a+b。运行结果: 1 1 2 3 5 8 13 21 34 55 89 144 233 377 610 987 1597 2584 4181 6765。

```
1  def fib_loop(n):
2      a=0
3      b=1
4      for i in range(n + 1):
5          _____    ❶
6          _____    ❷
7          _____    ❸
8      return a
9  for i in range(20):
10     print(fib_loop(i), end=' ')
```

3. 编程题

用递推算法编写阶乘，计算n! = 1×2×3×…×(n-1)×n=(n-1)!×n。

流程图	程序代码

7.2　优化算法

随着大数据时代的到来，算法处理问题的场景千变万化，要处理数据的数量级也越来越大。为了增强算法处理问题的能力，对算法进行优化是必不可少的。优化算法的方法有很多，如时间复杂度、空间复杂度、正确性、健壮性等。本书结合具体案例，采用优化循环、优化判断表达式的方式对比介绍优化算法的一些具体做法。

7.2.1　优化程序循环

虽然计算机越来越快，空间也越来越大，我们仍然要在性能问题上"斤斤计较"。特别是在使用循环时，要想办法优化循环语言的代码，减少循环运行的次数，从而提高程序的运行效率。

项目名称	**百钱买百鸡之循环优化问题**
文件路径	第7章\项目\循环优化问题.py

方老师在课堂上以"百钱买百鸡"问题为例，让同学生们编写程序。王小龙与张芳分别编写程序，经测试均可以求解，他俩都认为自己写得最好。此时方老师让孙锋带领他们分析这两段程序，要求使用Python代码，测试程序运行时间，分析程序代码效率。

> 百钱买百鸡：现有100文钱，公鸡5文钱一只，母鸡 3 文钱一只，小鸡一文钱 3 只。要求：公鸡、母鸡，小鸡都要有，把 100 文钱花完，买的鸡的数量正好是100。问：一共能买多少只公鸡，多少只母鸡，多少只小鸡？

哪个更好呢？

项目准备

1. 分析方案一

王小龙的编程思路，使用枚举算法，分3重循环编程。第1重循环公鸡从1只循环到100只；第2重循环母鸡从1只循环到100只；第3重循环小鸡从1只循环到100只。然后进行条件判断，条件1：公鸡+母鸡+小鸡 =100；条件2：公鸡*5+母鸡*3+小鸡/3 =100。最后输出满足条件的情况。代码与孙锋的分析如下。

```
1  for cock in range(1,101):              ┐ 3重循环
2    for hen in range(1,101):            ┘ 循环次数100*100*100=1000000次
3      for chick in range(1,101):
4        if cock + hen + chick== 100:
5          if cock * 5 + hen * 3 + chick/3 == 100:
6            print("公鸡%d只\t母鸡%d只\t小鸡%d只"%(cock,hen,chick))
```

```
D:\第7章\项目\百钱买百鸡王小龙方案.py
===============
公鸡4只   母鸡18只  小鸡78只  ┐
公鸡8只   母鸡11只  小鸡81只  ├ 输出结果正确
公鸡12只  母鸡4只   小鸡84只  ┘
>>>
```

2. 分析方案二

张芳的编程思路，买了一只公鸡，花掉5文钱，还剩下100-5=95文钱，买母鸡和小鸡的钱只有95文钱，而不是100文钱。再买一只母鸡，还剩下100-5-3=92文钱，那么买小鸡的钱只有92文钱……所以每重循环的次数不再是固定的100，而是变化的。她也设置了3重循环，其中，第1重循环cock：100/5=20次；第2重循环hen：(100-cock)/3次；第3重循环：100-cock-hen次。代码与孙锋的分析如下。

```
1  for cock in range(5,101,5):                          ┐ 3重循环
2    for hen in range(3,101 - cock,3):                 ┘ 循环次数是动态的无法准确判断
3      for chick in range(1,101 - cock - hen):
4        if cock+hen+chick==100 and cock//5+hen//3+chick*3==100 :
5          print("公鸡%d只\t母鸡%d只\t小鸡%d只" % (cock//5,hen//3,chick*3))
```

```
D:\第7章\项目\百钱买百鸡张芳方案.py
===============
公鸡4只   母鸡18只  小鸡78只  ┐
公鸡8只   母鸡11只  小鸡81只  ├ 输出结果正确
公鸡12只  母鸡4只   小鸡84只  ┘
>>>
```

项目规划

1. 思路分析

分析两个方案：从结果来看，两个方案结果相同也都是正确的；从循环重叠层数来看，两个方案都是3层；从循环次数来看，王小龙方案的循环次数多于张芳方案；从循环体内的语句来看，张芳方案中的表达式代码很长，比王小龙方案要烦杂。

方案对比	王小龙方案	张芳方案
结果正确性	结果正确	结果正确
循环重叠层数	3层	3层
循环体执行次数	100*100*100=1000000次	动态不好计算，但可知最坏情况下的循环次数 25*33*100=82500次
循环体语句复杂性	循环嵌套，应用了加法、乘法运算	循环嵌套，应用了加法、乘法与整除运算
结论	通过上述对比，不太好说明谁的方案最优，最好能测试出程序运行的时间，比一比，程序运行时间短的最优	

2. 难点分析

在了解了题目中的一些重要信息之后，需要为两段程序分别设置时间监测点。通过读取程序运行的开始时间和结束时间，求出两个时间的差，差越小程序执行效率越高。需要特别说明的是，在Python 3.8版中已没有计时器colock()函数，可使用perf_counter()函数来代替。

2. 算法设计

"循环优化"问题的求解过程、程序步骤如下。

第一步：设置王小龙程序的开始时间与结束时间的变量，记录两者运行的时间差。
第二步：设置张芳程序的开始时间与结束时间的变量，记录两者运行的时间差。
第三步：对比两者的时间，输出最终结论。

项目实施

1. 编程实现

```python
1  from time import perf_counter    #  导入时间函数
2  start = perf_counter()           #  记录王小龙方案程序开始时间
3  for cock in range(1,101):
4     for hen in range(1,101):
5        for chick in range(1,101):
6           if cock+hen+chick==100 and cock*5+hen*3+chick/3==100:
7              pass
8  end = perf_counter()             #  记录王小龙方案程序结束时间
9  time1 = end - start
10 print("王小龙方案所花时间",time1)
11 start = perf_counter()           #  记录张芳方案程序开始时间
12 for cock in range(5,101,5):
13    for hen in range(3,101 - cock,3):
14       for chick in range(1,101 - cock - hen):
15          if cock+hen+chick==100 and cock//5+hen//3+chick*3==100 :
16             pass
17 end = perf_counter()             #  记录张芳方案程序结束时间
18 time2 = end - start
19 print("张芳方案所花时间",time2)
20 if time1 >=time2:
21    print("王小龙方案所花时间是张芳的%d倍，张芳方案快"%(time1//time2))
22 else:
23    print("张芳方案所花时间是王小龙的%d倍，王小龙方案快"%(time1//time2))
```

2. 调试运行

```
D:\第7章\项目\百钱买百鸡之循环优化问题.py ==
====================
王小龙方案所花时间 0.20190830000000004
张芳方案所花时间 0.001460600000000034
王小龙方案所花时间是张芳的138倍，张芳方案快
>>>
```

项目支持

1. 循环优化原则

编写循环时，遵循以下原则可以大大提高运行效率，避免不必要的低效计算。

原则一　尽量减少循环内部不必要的计算。

原则二　嵌套循环中，尽量减少内层循环的计算，尽可能向外提。

原则三　局部变量查询较快，尽量使用局部变量。

2. 尽量减少循环内部不必要的计算

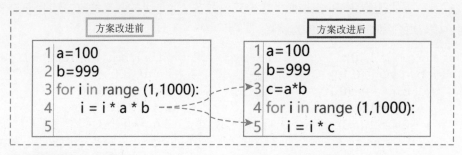

3. 循环嵌套外大内小

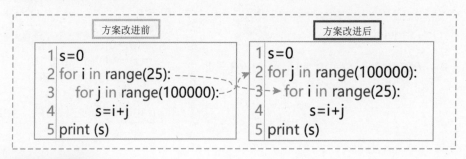

项目拓展

1. 优化题

质数又称素数，除了1和它本身以外不能被其他的自然数整除。为提高程序运行效率，请优化循环语句中的代码。

```
1  import math,sys
2  def prime(n):
3      if n <= 1:
4          return 0
5      for i in range(2,n):
6          if n%i == 0:
7              return 0
8      return 1
9  n = int(input("请输入素数的范围1 - "))
10 for i in range(2,n+1):
11     if prime(i):
12         print (i)
```

2. 分析题

方老师要求同学们写一段求水仙花数的程序，以下是4位同学的具有代表性的源程序。请分析同一问题的四种不同算法，试着测试哪种算法运行速度相对要快一点。

提示：水仙花数是一个三位数，这个三位数各个数位上的数字的立方和等于这个数本身。(第2章介绍的是唐小波的方案)

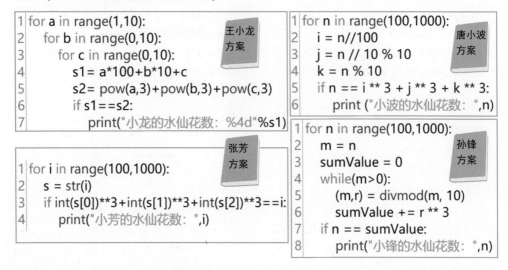

```
1  for a in range(1,10):                          王小龙
2      for b in range(0,10):                       方案
3          for c in range(0,10):
4              s1= a*100+b*10+c
5              s2= pow(a,3)+pow(b,3)+pow(c,3)
6              if s1==s2:
7                  print("小龙的水仙花数: %4d"%s1)
```

```
1  for n in range(100,1000):                       唐小波
2      i = n//100                                   方案
3      j = n // 10 % 10
4      k = n % 10
5      if n == i ** 3 + j ** 3 + k ** 3:
6          print ("小波的水仙花数: ",n)
```

```
1  for i in range(100,1000):                       张芳
2      s = str(i)                                   方案
3      if int(s[0])**3+int(s[1])**3+int(s[2])**3==i:
4          print("小芳的水仙花数: ",i)
```

```
1  for n in range(100,1000):                       孙锋
2      m = n                                        方案
3      sumValue = 0
4      while(m>0):
5          (m,r) = divmod(m, 10)
6          sumValue += r ** 3
7      if n == sumValue:
8          print("小锋的水仙花数: ",n)
```

7.2.2 提高算法效率

算法效率主要取决于语句的执行次数以及执行语句所用的时间，即与时间复杂度有关。时间复杂度是一个函数，它定性描述算法的运行时间，常用大O符号来表述。

项目名称	**降低算法复杂度问题**
文件路径	第7章\项目\冒泡排序.py、快速排序.py

排序算法有很多种，它们的算法复杂度也各不相同。方老师布置课后作业，让同学们研究冒泡排序和快速排序两种算法。董文明和孙锋同学通过小组合作的方式分别进行项目研究，想搞懂算法复杂度O的数值是如何确定的？怎样才能降低算法复杂度？

排序算法	平均时间复杂度	最好情况	最坏情况
冒泡排序	$O(n^2)$	$O(n)$	$O(n^2)$
快速排序	$O(n \log n)$	$O(n \log n)$	$O(n^2)$

时间复杂度

快速排序

项目准备

1. 提出问题

要想编写出能高效运行的程序，我们就需要考虑算法的效率。首先要能看懂表述算法复杂度的关键参数。要了解时间复杂度的参数指标，应该思考以下问题。

 (1) 算法复杂度的参数代表什么意思？

 (2) 算法复杂度需要考虑最优、最坏与平均情况吗？

 (3) 如何降低算法复杂度？

2. 知识准备

用大 O 表示的时间复杂度函数是有大小的，依据所耗费时间的大小而定。一般所耗费的时间按常数阶、对数阶、线性阶、平方阶、立方阶等，以从小到大的顺序排序对比。

常数阶　如下图所示，程序的代码均只执行一次，类似于这种算法的时间复杂度计为 O(1)。如果将 sum=(1+n)*n/2 这条语句复制 10 次再执行，时间复杂度仍旧计为 O(1)。所以这类程序算法的时间复杂度是常数价，计为 O(1)。

```
1  n = 100          # 执行1次
2  sum = (1+n)*n/2  # 执行1次
3  print (sum)      # 执行1次
```

对数阶　如下图所示，i 每次乘以 2 后，都会越来越接近 n，只有当 i 大于 n 时，才会退出循环。假设循环的次数为 X，则由 2^x=n 得出 x=$\log_2 n$，所以类似于这种算法的时间复杂度是对数价，计为 O(log n)。

```
1  n=1000
2  i=1
3  while(i<n):
4      i=i*2         # 循环体内语句只执行1次
5  print("i的值为：",i)
```

线性阶　如下图所示，程序中循环执行了 n 次，而循环内部的代码只执行一次，对于这类程序算法，时间复杂度是线性阶，计为 O(n)。一般有一个或多个单重循环的程序，其时间复杂度都是线性阶，计为 O(n)。

```
1  s=1
2  n=10
3  for i in range(1,n+1):    # 循环执行n次
4      s=s*i                 # 循环体内语句只执行1次
5  print(n,"的阶乘为：",s)
```

平方阶　下面的程序中，包含双重循环嵌套，且内层循环中的语句只执行一次，对于这类程序算法，时间复杂度是平方阶，计为O(n^2)。需要说明的是，如果程序中既有单一循环，又有双重循环，以最高次数的循环为准，即计为O(n^2)。

```
1  n=10
2  s=0
3  for i in range(1,n+1):
4      for j in range(1,n+1):
5          print(i,"*",j,"=",i*j)     # 循环体内语句只执行1次
```

项目规划

1. 思路分析

排序就是将输入的数字按照从小到大的顺序进行排列。在生活中经常用到排序，如学生身高排序、学生学号排序、电子文件按创建时间排序等。将生活中的排序转换成程序，将排序的整个操作过程用计算机语言描述出来，这就是排序算法。解决问题的思路如下。

(1) 研究什么是冒泡排序，并分析算法复杂度。

(2) 研究什么是快速排序，并分析算法复杂度。

(3) 对比冒泡排序与快速排序的算法复杂度，找到提升算法效率的方法。

2. 难点分析

冒泡排序　重复"从序列左边开始比较相邻两个数字的大小，再根据结果交换两个数字的位置"这一操作。在此过程中，好比在序列最左边放置一个天平，比较天平两边的数字，如果右边的数字小，就交换。于是大的数字会像泡泡一样，慢慢从左往右"浮"到序列的顶端，所以这个算法才被称为"冒泡排序"。

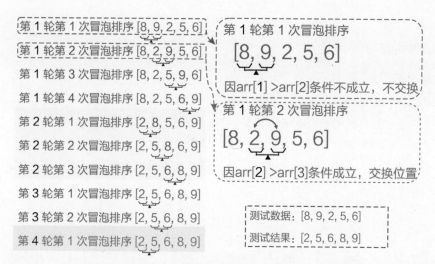

快速排序 采用分治的方法,即先随意选择一个数作为基准数,比基准数大的在右,比基准数小的在左。序列左边的数要小于基准数,序列右边的数要大于基准数。此时一个序列被分成两个序列部分,再对基准数最左边和最右边的数用同样的办法排序,直到子序列只剩一个数为止。

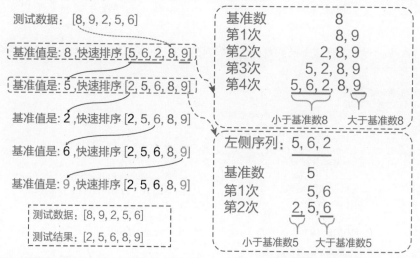

冒泡排序的时间复杂度 第1轮需要比较n-1次,第2轮需要比较n-2次……第n-1轮需要比较1次。因此,总的比较数为(n-1)+(n-2)+…+1 = $n^2/2$。这个比较次数恒定为该数值,与输入数据的排列顺序无关。因此冒泡排序的时间复杂度为$O(n^2)$。

快速排序的时间复杂度 快速排序是一种不稳定的排序,理想情况是每一次都将待排序数组划分成等长的两个部分,则需要划分log n次,快速排序时间复杂度下界为O(n log n),最坏情况是把已经有序的序列再进行快速排序,快速排序时间复杂度上界为O(n*n)和冒泡排序一样(可以采用随机快速排序来改善),快速排序的平均时间复杂度为O(n log n)。

3. 算法设计

冒泡排序算法

> 第一步：比较相邻的元素。如果第一个比第二个大，就交换它们两个。
>
> 第二步：对每一对相邻元素做同样的工作，从开始的第一对到结尾的最后一对。做完这步后，最后的元素会是最大的数。
>
> 第三步：对所有的元素重复以上步骤，除了最后一个。
>
> 第四步：对越来越少的元素重复以上步骤，直到没有任何一对元素需要比较，即完成排序。

快速排序算法

> 第一步：挑选基准值，从数列中挑出一个元素，称为"基准"(pivot)，如可以选左侧第一个数。
>
> 第二步：分割，重新排序数列，将所有比基准值小的元素摆放在基准前面，将所有比基准值大的元素摆放在基准后面(与基准值相等的数可以摆放到任意一边)。在分割结束之后，对基准值的排序就已经完成了。
>
> 第三步：递归排序子序列，递归地将小于基准值元素的子序列和大于基准值元素的子序列排序。
>
> 第四步：递归到最底部的判断条件是数列的大小是0或1，此时该数列显然已经有序。

项目实施

1. 编程实现

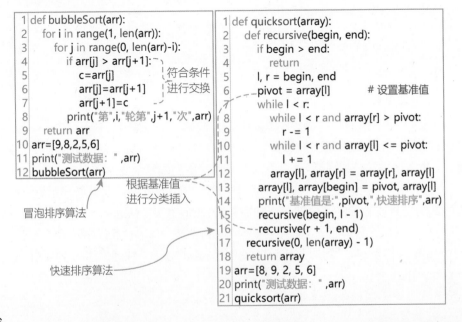

```python
def bubbleSort(arr):
    for i in range(1, len(arr)):
        for j in range(0, len(arr)-i):
            if arr[j] > arr[j+1]:          # 符合条件
                c=arr[j]                   # 进行交换
                arr[j]=arr[j+1]
                arr[j+1]=c
            print("第",i,"轮第",j+1,"次",arr)
    return arr
arr=[9,8,2,5,6]
print("测试数据：",arr)
bubbleSort(arr)
```

冒泡排序算法

根据基准值
进行分类插入

快速排序算法

```python
def quicksort(array):
    def recursive(begin, end):
        if begin > end:
            return
        l, r = begin, end
        pivot = array[l]          # 设置基准值
        while l < r:
            while l < r and array[r] > pivot:
                r -= 1
            while l < r and array[l] <= pivot:
                l += 1
            array[l], array[r] = array[r], array[l]
        array[l], array[begin] = pivot, array[l]
        print("基准值是:",pivot,"快速排序",arr)
        recursive(begin, l - 1)
        recursive(r + 1, end)
    recursive(0, len(array) - 1)
    return array
arr=[8, 9, 2, 5, 6]
print("测试数据：",arr)
quicksort(arr)
```

2. 调试运行

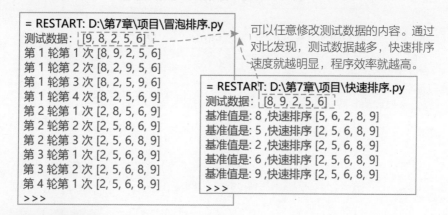

= RESTART: D:\第7章\项目\冒泡排序.py
测试数据： [9, 8, 2, 5, 6]
第 1 轮第 1 次 [8, 9, 2, 5, 6]
第 1 轮第 2 次 [8, 2, 9, 5, 6]
第 1 轮第 3 次 [8, 2, 5, 9, 6]
第 1 轮第 4 次 [8, 2, 5, 6, 9]
第 2 轮第 1 次 [2, 8, 5, 6, 9]
第 2 轮第 2 次 [2, 5, 8, 6, 9]
第 2 轮第 3 次 [2, 5, 6, 8, 9]
第 3 轮第 1 次 [2, 5, 6, 8, 9]
第 3 轮第 2 次 [2, 5, 6, 8, 9]
第 4 轮第 1 次 [2, 5, 6, 8, 9]
>>>

可以任意修改测试数据的内容。通过对比发现，测试数据越多，快速排序速度就越明显，程序效率就越高。

= RESTART: D:\第7章\项目\快速排序.py
测试数据： [8, 9, 2, 5, 6]
基准值是: 8 ,快速排序 [5, 6, 2, 8, 9]
基准值是: 5 ,快速排序 [2, 5, 6, 8, 9]
基准值是: 2 ,快速排序 [2, 5, 6, 8, 9]
基准值是: 6 ,快速排序 [2, 5, 6, 8, 9]
基准值是: 9 ,快速排序 [2, 5, 6, 8, 9]
>>>

项目支持

1. 时间复杂度

在时间频度T(n)中，n为问题的规模，当n不断变化时，时间频度T(n)也会不断变化。因为我们想知道它变化时的规律，所以引入了时间复杂度的概念。一般情况下，记作T(n)=O(f(n))，它称为算法的渐进时间复杂度，简称时间复杂度。

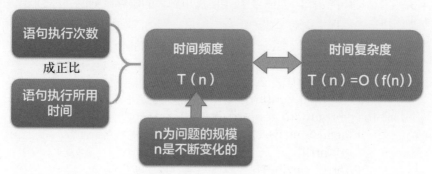

2. 算法复杂度评估

可以从最理想情况、平均情况和最坏情况三个角度来评估，由于平均情况大多和最坏情况持平，而且评估最坏情况也可以避免后顾之忧，因此一般情况下，我们设计算法时都直接评估最坏情况的复杂度。

3. 大O表示法

O(f(n))中的f(n)的值可以为1、n、log n、n^2等，因此我们可以将O(1)、O(n)、O(log n)、O(n^2)分别称为常数阶、线性阶、对数阶和平方阶。时间复杂度按照耗费的时间从小到大排序如下图所示。

$$O(1) \rightarrow O(\log n) \rightarrow O(n) \rightarrow O(n \log n)$$

$$O(n!) \leftarrow O(2^n) \leftarrow O(n^3) \leftarrow O(n^2)$$

4. 算法复杂度的比较

n	log n	$\sqrt{n}$	n log n	n^2	2^n	n!
5	2	2	10	25	32	120
10	3	3	30	100	1024	3628800
50	5	7	250	2500	约10^{15}	约$3.0*10^{64}$
100	6	10	600	10000	约10^{30}	约$9.3*10^{157}$
1000	9	31	9000	1000 000	约10^{300}	约$4.0*10^{2567}$

项目提升 ✏️

1. 冒泡排序答疑解惑

冒泡排序在设置循环范围时，常常因未对循环执行次数进行合理优化设计，使得内循环执行的次数增加，影响了程序的执行效率。冒泡排序需根据测试数据而定，最优情况是不用执行内循环中的语句，如一组数是按从小到大的顺序排列的，即$O(n)$；最坏情况是每次都要执行内循环中语句，如一组数是按从大到小的顺序排列的，即$O(n^2)$；平均情况是该算法复杂度为平方阶，即$O(n^2)$，n是指测试数据的个数。

```python
1  def bubbleSort(arr):
2    for i in range(1, len(arr)):          易错1：范围是测试
                                            数据总个数减1
3      for j in range(0, len(arr)-i):      易错2：每完成一轮，
4        if arr[j] > arr[j+1]:               当最大数在最右侧时就
                                             不用再比较了
5          c=arr[j]
6          arr[j]=arr[j+1]                  易错3：左侧若大于右侧需
7          arr[j+1]=c                        要交换数据，顺序不能错
8        print("第",i,"轮第",j+1,"次",arr)
9    return arr
```

2. 快速排序答疑解惑

快速排序也有两重循环，但是外循环取决于基准数，快速排序只有在最坏的情况下时间复杂度是$O(n^2)$，一般情况下每次划分所选择的中间数将当前序列几乎等分，经过log n次划分，便可得到长度为1的子表。所以平均情况下时间复杂度是$O(n*\log n)$。快速排序基本上被认为是相同数量级的所有排序算法中，平均性能最好的。

```
1  def quicksort(array):
2      def recursive(begin, end):
3          if begin > end:
4              return
5          l, r = begin, end
6          pivot = array[l]          ← 要点 1：设置基准值
7          while l < r:
8              while l < r and array[r] > pivot:
9                  r -= 1
10             while l < r and array[l] <= pivot:
11                 l += 1                       要点 2：交换
12             array[l], array[r] = array[r], array[l]   两个数据的
13         array[l], array[begin] = pivot, array[l]       位置
14         print("基准值是:",pivot,",快速排序",arr)
15         recursive(begin, l - 1)   ← 要点 3：调用左侧比基准
16         recursive(r + 1, end)        数小的序列再快速排序
17     recursive(0, len(array) - 1)
18     return array
19  arr=[8, 9, 2, 5, 6]
20  print("测试数据：",arr)
21  quicksort(arr)
```

项目拓展

1. 分析题

(1) 下面程序算法的时间复杂度是＿＿＿＿＿＿＿＿。

```
1  for a in range(1,10):
2      for b in range(0,10):
3          for c in range(0,10):
4              s1= a*100+b*10+c
5              s2= pow(a,3)+pow(b,3)+pow(c,3)
6              if s1==s2:
7                  print("小龙的水仙花数：%4d"%s1)
```

(2) 下面程序算法的时间复杂度是_____。

```
import math
h =1000
g =9.8
t = math.sqrt(2*h/g)
hx =g*(t-1)*(t-1)/2
hh =h-hx
print ("小球最后1s下落的位移是: ",hh,"m")
```

(3) 下面程序算法的时间复杂度是_____。

```
def bubbleSort1(items):
    for i in range(len(items) - 1):
        flag = False
        for j in range(len(items) - 1 - i):
            print(items)
            if items[j] > items[j + 1]:
                items[j], items[j + 1] = items[j + 1], items[j]
                flag = True
        if flag:
            flag = False
            for j in range(len(items) - 2 - i, 0, -1):
                if items[j - 1] > items[j]:
                    items[j], items[j - 1] = items[j - 1], items[j]
                    flag = True
        if not flag:
            break
    return items
```

第8章

Python 项目实战

前面 7 个章节，已经通过一个个项目对 Python 编程基础、程序控制、数据结构、函数、常用算法及优化等知识做了介绍，本章节将在此基础上，从数据可视化、智能工具调用、游戏编写三个方面，梳理项目学习的完整流程，使我们体验 Python 语言丰富而强大的第三方库。

"公交线路客流量分析"项目将带我们了解编程实现大数据可视化的方法；"提取身份证信息"项目将带给我们利用智能工具解决实际问题的体验；"接福游戏"项目让我们在游戏里感受 pygame 模块的界面设计和交互功能。Python 语言就是这样可扩展、能跨平台，可以高效地开发各种应用程序。

8.1 公交线路客流量分析

以图形、图像和动画等方式，能够更加直观生动地呈现数据及数据分析结果。随着计算机的广泛应用，常用的电子表格软件、在线数据分析平台和用程序设计语言编写的程序，都可以实现数据的可视化表达。

项目名称	**公交线路客流量分析**
文件路径	第8章\项目\公交线路客流量分析

某地公交公司为了给人们提供更好的服务，希望通过大数据的分析来有针对性地调整公交车的班次。所有公交线路每天的客流量数据都汇总在Excel文件中。若用Excel图表功能来分析，车次太多会很麻烦，更不方便任意调取特定路线的客流量统计图。因此公交公司的需求如下：输入任一公交线路，即可查看该条线路的客流量统计图。你能编程实现这个功能吗？

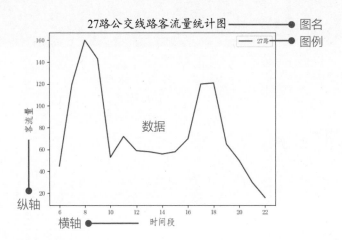

8.1.1 项目分析

本项目任务是实现输入任一公交线路，即可显示该条线路的客流量统计图。首先要获取数据，分析数据；然后从Excel文件中读取数据；最后依据数据制作出统计图，并展示出来。

1. 提出问题

实施"公交线路客流量分析"项目之前，首先要仔细分析Excel文件，掌握Excel文件中数据的存储格式，接着要探讨用哪一种统计图能够实现公交公司的需求，最后要理清用Python编写程序需要处理的问题。

查一查 要想对公交线路的客流量进行分析，需要掌握每条线路从首班时间到末班时间的客流量数据，以及这些数据在Excel表中的格式等。

	A	B	C	D	E	F	G
1	时间段	1路	2路	27路	49路		
2	6	56	61	45	61		
3	7	322	275	120	170		
4	8	377	285	160	211		
5	9	186	149	143	149		
6	10	88	122	53	122		
7	11	72	99	72	99		
8	12	69	65	59	65		
9	13	58	150	58	100		
10	14	56	96	56	96		
11	15	58	98	58	98		
12	16	70	102	70	102		
13	17	333	225	120	125		
14	18	274	223	121	123		
15	19	65	57	65	57		
16	20	50	44	50	30		
17	21	43	25	30	25		
18	22	34	22	16	13		

首班时间（第2行）、末班时间（第18行）、第1行、第1列、工作表名（公交线路客流量 Sheet1 ...）

议一议 如下图所示，数据可以用各种样式的图表显示。有了公交线路客流量数据，用哪种图表能够更清晰地表达客流量呢？与他人讨论，说说你的理由。

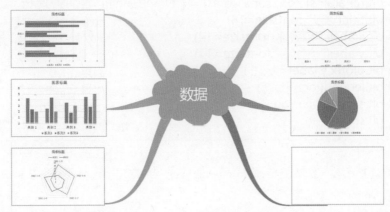

理一理 确定了数据图表的表达方式，编写程序读取Excel文件中的数据，绘制图表，还需要明确以下几个问题。

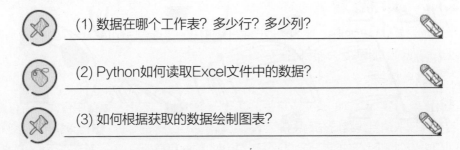

(1) 数据在哪个工作表？多少行？多少列？

(2) Python如何读取Excel文件中的数据？

(3) 如何根据获取的数据绘制图表？

233

2. 知识准备

使用Python语言编写"公交线路客流量分析"程序，需要先确定数据的存储格式，打开Excel文件并读取行列中的数据，然后通过数据绘制图表。

读取Excel文件及数据

```
1 import xlrd                                    # 导入xlrd模块
2 data = xlrd.open_workbook('文件名.xlsx')        # 加载文件
3 print("工作表:"+str(data.sheet_names()))        # 查看工作表
4 table = data.sheet_by_name('工作表名')          # 获得工作表
5 print("总行数 : "+str(table.nrows))
6 print("总列数 : "+str(table.ncols))
7 print("整行值 : "+str(table.row_values(0)))     # 第1行
8 print("整列值 : "+str(table.col_values(0)))     # 第1列
9 print("第2行第2列 : "+str(table.cell(1,1).value)) # 行、列的索引从0开始
```

绘制折线统计图

```
1  import matplotlib.pyplot as plt               # 导入模块
2  x = (1,2,3,4,5,6,7,8)                         # X轴示例数据
3  y = (3,5,7,9,2,5,10,15)                       # Y轴示例数据
4  plt.rcParams["font.sans-serif"] = ["FangSong"]# 指定图表字体
5  plt.title('表头',fontsize=18)                  # 设置表头，字号
6  plt.xlabel('X轴名称',fontsize=14)             # X轴名称，字号
7  plt.ylabel('Y轴名称',fontsize=14)             # Y轴名称，字号
8  plt.plot(x,y,label='标注')                     # 用x和y绘图
9  plt.legend(loc='best')                        # 显示标注
10 plt.savefig('xxx.jpg')                        # 直接保存图片
11 plt.show()                                    # 显示运行结果
```

> 若测试程序时，系统提示：No module named 'XXX'。说明没有安装第三方库，使用pip命令安装即可。

8.1.2 项目规划

梳理项目要处理的问题，学习读取Excel文件中的数据和绘制折线统计图所需的知识，理清实现项目的思路，确定制作流程。

1. 解题思路

当用户输入需要查询的公交线路后，打开Excel文件，在首行表头中查找是否有该线路，若有，读取这条线路所在列中的所有数据作为纵坐标y的数据。由于项目中公交的首班时间和末班时间固定在6点至22点，横坐标x的数据可直接赋值。确定了x和y的数据，

设置图表参数，绘制图表。

2. 程序流程

明确了解题思路，根据解题思路绘制出程序流程图，流程图要体现出如何读取要查询的公交线路数据、如何确定横纵坐标，并根据横纵坐标绘制图表。

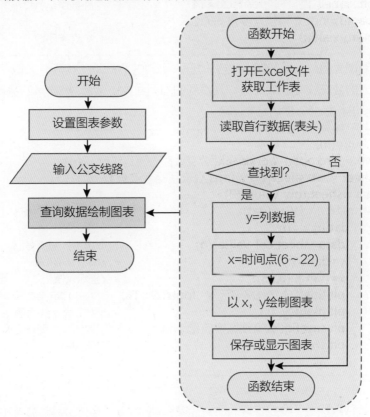

■ 8.1.3　项目实施

确定好程序流程，就可以根据算法来编写程序实现对指定公交线路的数据的图形化显示了。

1. 编程实现

编写程序，先加载第三方库，再编写主程序，最后添加绘制图表函数，具体过程如下。

加载第三方库　根据"知识准备"可知，要读取Excel文件需加载xlrd模块。而绘制图表需加载matplotlib.pyplot模块，为了简化程序将该模块命名为plt。

```python
import xlrd
import matplotlib.pyplot as plt
```

编写主程序　在主程序中设置图表参数，根据用户需求，调用绘制图表函数绘制指定公交线路的客流量图。

```python
if __name__ == '__main__':                              # 主程序
    plt.rcParams["font.sans-serif"] = ["FangSong"]      # 图表字体
    plt.ylabel("客流量",fontsize=14)                     # 纵坐标名称
    plt.xlabel("时间段",fontsize=14)                     # 横坐标名称
    xianlu=input('请输入要查询的公交线路：')
    huitu(xianlu)                                        # 调用函数
```

添加绘制图表函数　添加如下代码，打开Excel文件获取工作表，读取首行数据，查找是否有输入的公交线路。如果有，从查到的那列数据中读取纵坐标y的数据。横坐标x的数据可直接进行赋值，然后绘制图表。

```python
def huitu(m):
    wb = xlrd.open_workbook('公交线路客流量统计.xlsx')
    sheet = wb.sheet_by_name('公交线路客流量')
    dat =sheet.row_values(0)                        # 读取表头
    for n in range(len(dat)):                       # 在表头中循环查找
        if dat[n] ==m:                              # 如果找到
            data=sheet.col_values(n)                # 取出所在列所有值
            y=data[1:]                              # y坐标赋值
            x=(range(6,23))                         # x坐标赋值
            plt.title("公交线路客流量",fontsize=18)
            plt.plot(x,y,'b')                       # 参数b表示线为蓝色
            plt.savefig('公交线路客流量.png')         # 保存结果为图像文件
            plt.show()                              # 显示图表
            break
```

查询的结果可以有两种方式展示，一种是plt.show，在程序执行后显示；另一种是plt.savefig，程序执行后直接生成图像文件。

2. 程序解读

程序中最关键的是如何读取所需要的列的数据，也就是纵坐标y的数据。用n确定哪一列是需要的数据，找到后读取整列数据，然后去除第1个数据（表头）后赋值给y，这样就确定了纵坐标y的数据。

m＝2路   n

	A	B	C	D	E
1	时间段	1路	2路	27路	49路	→ dat
2	6	56	61	45	61
3	7	322	275	120	170
4	8	377	285	160	211
5	9	186	149	143	149
6	10	88	122	53	122
7	11	72	99		99
8	12	69	65		5
9	13	58	150		100
10	14	56	96	56	96

y=整列数据去掉第1个数据

3. 程序优化

以上程序生成的图表，不能直观地显示出是哪一条公交线路。m为绘制图表函数的参数，是用户输入的公交车线路。通过拼接字符串的方式可以显示出具体的公交线路。若需要在图上显示出客流量数据，可使用plt.text函数。

```
plt.title(m+"公交线路客流量",fontsize=18)    # 显示具体公交线路
plt.plot(x,y,'b',label=m)                    # label为图例
plt.legend(loc='best')                       # 显示图例
for a in range(0,len(y)):                     # 在图上显示数据
    plt.text(x[a],y[a],'%s'%y[a],ha='center')
plt.savefig(m+'公交线路客流量.png')          # 显示具体公交线路
plt.show()
```

8.1.4 项目支持

程序实现了公交公司的基本要求，为了使项目更加完善，所显示的统计图效果更好，需要对程序中所有的知识点进一步细化，为后期项目的进一步优化打下基础。

1. 绘图参数

matplotlib.pyplot.plot()是matplotlib库中的一个函数，用来绘制折线统计图。该函数常用的参数有颜色参数和线型参数。

线条颜色参数　程序中折线是蓝色，对应的参数是'b'。plot()函数中绘制的折线可以有多种颜色，以满足不同的需求，如下表所示。

颜色字符	说明	颜色字符	说明
'b'	蓝色	'm'	洋红色
'g'	绿色	'y'	黄色
'r'	红色	'k'	黑色
'c'	青绿色	'w'	白色
'#008000'	RGB某颜色	'0.8'	灰度值字符串

线条线型参数　程序中折线是实线，是默认的线型。plot()函数提供了4种线型来满足不同的需求。线型参数加到颜色参数后即可设置指定的线型，如'b--'。

线型	说明
'-'	实线(默认)
'--'	双划线
':'	虚线
'-.'	点划线

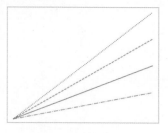

2. import，from...import，import...as的区别

在Python中import、from...import和import...as用来导入相应的库，在实际使用中要注意其用法的区别。

import datetime print(datetime.datetime.now())	输出系统当前时间，引入整个 datetime 库中 datetime 类的 now()函数
from datetime import datetime print(datetime.now())	从 datetime 库中只导入 datetime 类，再调用其中的 now()函数
import datetime as dt print(dt.datetime.now())	若嫌库名太长，可以取个别名，用别名代替它，需要用到 import...as

■ 8.1.5　项目延伸

"公交线路客流量分析"项目中，程序实现了输入公交路线即可输出该条线路的客流量统计图。为了实现项目更加人性化、功能更加齐全等目标，对应项目分析、规划及程序流程，反复梳理项目还有哪些可以延伸的方向。

1. 明确编程的价值

根据项目需要，将数据转换为统计图表，以此来分析公交线路的客流量状况，为后续工作做好准备。将数据转换成图表的方法有很多，Excel软件也有此功能，为什么还要编写程序呢？是否可替代？要明确编程的价值。本项目用程序自动生成了公交线路客流量统计图，无需打开Excel文件，只要根据需要输入公交线路，就可以生成不同的公交车线路客流量统计图。另外，它还可以在不同场合，不同工具中使用这项程序，这也是本项目的价值。

2. 编程工具使用

使用Python编写程序，要充分利用Python作为胶水语言的特点，即Python拥有强大的第三方库。在规划、分析项目时，做好充分的知识准备，利用第三方库来快速完成项目，更人性化，更能满足用户的需求。你觉得本项目还可以拓展哪些方面呢？以后在实施其他项目之前，首先研究有没有第三方库可以调用。

8.2 提取身份证信息

生活中，很多场合下都需要采集身份证信息，比如求学、就业、出行购票、住宿等，身份证上的信息可以用读卡器采集，如果没有读卡设备，怎样提取身份证上的信息呢？

项目名称	**提取身份证信息**
文件路径	第8章\项目\提取身份证信息

在旅行社工作的方方每天接待参团的游客很多，她需要登记游客姓名、性别、身份证号码和居住地址等信息，以便安排组团和购买保险。公司没有配备身份证读卡器，方方一开始对照游客身份证手工抄写记录，后来她借助键盘录入，但是客流量很大的时候，还是忙不过来。为了减少游客的等待时间，方方把他们的身份证拍照存放在计算机中，想使用Python语言编写程序，提取身份证照片上的相关文字信息。

8.2.1 项目分析

身份证上有姓名、性别、民族、出生日期、住址和身份证号码等6项信息，项目需求是识别出身份证图片上的文字，并把姓名、性别、身份证号码和居住地址等4项信息提取出来。

1. 提出问题

要识别身份证图片上的文字，首先要了解文字识别相关的知识，再去寻找合适的实现方法或工具。

查一查　上网查询，了解文字识别技术OCR相关的知识。

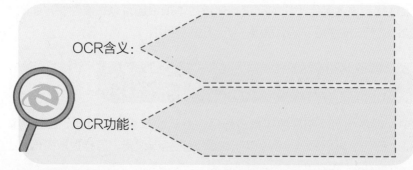

OCR含义：

OCR功能：

议一议　识别身份证图片上的文字，可以采用哪些方法或工具，各有什么优缺点？

方法＼工具	优点	缺点

想一想　编制程序提取身份证图片上的文字，需要先思考以下几个问题。

(1) 用什么技术识读图片上的文字？

(2) 如何调用文字识别应用模块？

(3) 文字识别完成后，如何有选择地输出？

2. 项目目标

为了体验借助智能工具解决问题的一般方法，依据项目需求，本项目编写程序调用人工智能工具的文字识别服务，替代人工读图识字，来解决文字识别问题，该项目的目标如下。

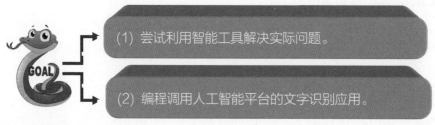

(1) 尝试利用智能工具解决实际问题。

(2) 编程调用人工智能平台的文字识别应用。

3. 知识准备

用智能工具解决实际问题，智能工具从哪里来？本项目利用Python语言调用智能平台上的文字识别工具，来体验开发提取身份证信息程序的过程。关于智能工具，需要了解以下问题。

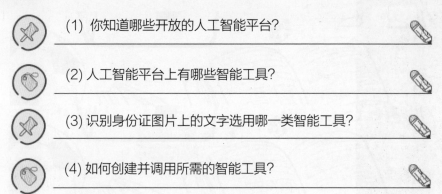

(1) 你知道哪些开放的人工智能平台？

(2) 人工智能平台上有哪些智能工具？

(3) 识别身份证图片上的文字选用哪一类智能工具？

(4) 如何创建并调用所需的智能工具？

8.2.2 项目规划

明确项目目标，梳理解决问题的思路，做好调用百度文字识别服务的准备工作。

1. 解题思路

以调用百度智能云平台上的文字识别应用为例，完成提取身份证信息程序的开发，整体思路如下。

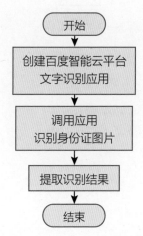

2. 实施准备

实施项目要做好两项准备工作：一是申请百度文字识别API（应用程序编程接口）服务，申请时要先登录百度智能云平台创建应用，获得账号和密码，为编写代码、调用服务做准备；二是要安装好百度文字识别工具包，以便后面可以成功导入百度文字识别模块。

登录智能平台查找服务 打开浏览器，输入网址https://cloud.baidu.com/登录，如下图所示，选择"产品服务"下的"文字识别"服务。

创建应用　按下图所示操作，完善相关内容，为提取身份证信息程序创建"文字识别"新应用。

查看应用　在"文字识别"产品服务下，单击"应用列表"，如下图所示，可查看新建应用的AppID、API Key和Secret Key，这些信息在调用百度文字识别服务时将作为参数使用。

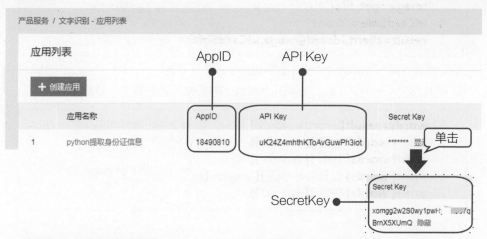

安装百度文字识别工具包　在Python调用百度文字识别服务前，需要安装baidu-aip库，运行pip install baidu-aip命令安装，为项目实施做准备。

8.2.3　项目实施

项目实施是项目学习的核心环节，本环节将按照调用文字识别应用模块、识别图片和提取结果的思路，完成程序编写，并进行调试运行。

1. 编程实现

先引入第三方百度文字识别模块，然后编写程序代码，完成调用应用和识别输出工作。

调用文字识别应用　将新建文字识别应用中的AppID、API Key和Secret Key作为参数，调用百度文字识别应用模块AipOcr。

```
1  from aip import AipOcr    # 引入百度文字识别模块
2  APP_ID='18490810'
3  API_KEY='uK24Z4mhthKToAvGuwPh3iot'
4  SECRET_KEY='xomgg2w2S0wy1pw    C7qBrnX5XUmQ '
5  client=AipOcr(APP_ID,API_KEY,SECRET_KEY)
                        # 调用百度文字识别模块AipOcr
```

识别图片　定义函数读取身份证图片，识别后将返回的数据保存在字典result中。

```
6  def get_file(filepath):          # 定义函数读取图片
7      with open(filepath,'rb') as f:
8          return f.read()
9  image=get_file('d://55.jpg')     # 读取某路径下的图片文件
10 idCardSide="front"               # front 表示身份证的含照片面
11 result=client.idcard(image,idCardSide) # 调用身份证图片识别
```

提取识别结果　words_result是字典result中元素的一个键，words是该键对应的值，保存图片文字的识别结果，选择输出words中相关元素的键值，提取文字。

```
12 words=result['words_result']     # 将识别结果保存在words中
13 print( words['姓名']['words'])
14 print( words['性别']['words'])
15 print( words['公民身份号码']['words'])   # 输出字典 words 中
16 print( words['住址']['words'])           #   相应键的值
```

2. 调试运行

完成代码编写，调试运行，查看身份证图片上文字信息的提取结果。

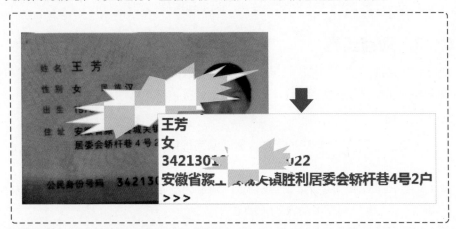

测试程序，如果系统提示：ImportError: cannot import name 'AipOcr' from 'aip' (unknown location)。说明没有安装百度文字识别模块，使用pip install baidu-aip命令安装即可。

3. 程序解读

编程实现本项目时，百度的文字识别模块可以自动识别身份证图片上的文字信息，并将返回的数据保存在字典result中，其中键words_result对应的值记录文字的位置和内容。语句words=result['words_result']，将识别结果保存在字典words中，对words中的数据进行分析，实现程序的输出。

在程序第13行加上语句：print(words)。可查看字典words中的6个元素。

```
11  result=client.idcard(image,idCardSide)
12  words=result['words_result']
13  print(words)
14  print( words['姓名']['words'])
15  print( words['性别']['words'])
16  print( words['公民身份号码']['words'])
17  print( words['住址']['words'])
```

words['姓名']['words'] 的值，取自字典words 中的第3个元素，字典键值的取法，你看懂了吗？

```
{
'住址': {'location': {'width': 1127, 'top': 928, 'left': 576, 'height': 269},
        'words': 安徽省*上县*****居委会较杆巷 4 号 2 户},
'出生': {'location': {'width': 879, 'top': 722, 'left': 568, 'height': 110},
        'words': '19****16'},
'姓名': {'location': {'width': 308, 'top': 282, 'left': 541, 'height': 123},
        'words': '王芳'},
'公民身份号码': {'location': {'width': 1440, 'top': 1438, 'left': 1020, 'height': 140},
        'words': '34213019****16***2'},
'性别': {'location': {'width': 86, 'top': 528, 'left': 556, 'height': 102},
        'words': '女'},
'民族': {'location': {'width': 74, 'top': 519, 'left': 1122, 'height': 87},
        'words': '汉'}
}
```

先查看 words元素，再输出！

8.2.4　项目支持

"提取身份证信息"项目使我们体会到了使用智能工具解决问题的过程，智能工具的应用具有一般的方法，下面介绍一下智能平台帮助文档的获取和文字识别的其他应用场景。

1. 获取帮助文档

开放的智能平台上提供了多种人工智能服务，针对API（应用程序编程接口）开发者申请某项智能工具服务后，如何编写程序创建应用模块，如何进行接口调用等，在智能平台上都提供了相应的帮助文档，学会查看帮助文档，就会应用更多智能工具开发有趣有用的程序。在每一种产品服务下，都提供有"技术文档"，通过阅读其中的SDK(软件开发工具包)文档，可以获取借助智能工具完成程序开发的一般方法。

2. 文字识别模块应用

身份证图片中的文字识别是文字识别应用的一种场景，其他卡证图片上的文字识别、普通图片上的文字识别，都可以调用文字识别应用模块来实现，仍以调用百度智能云平台的文字识别为例，体验普通图片上的文字识别。

查看"文字识别"产品下 "通用文字识别"的Python语言接口说明，编写程序。

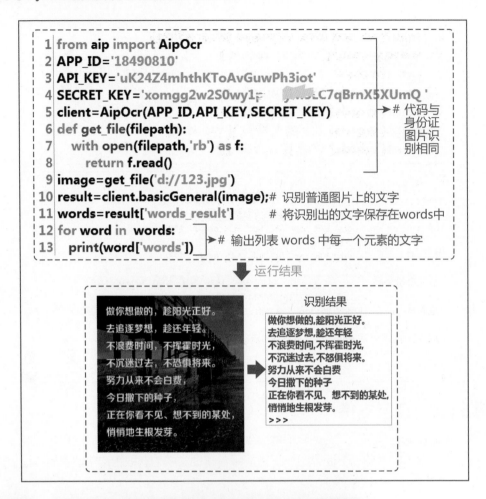

8.3　制作接福游戏

　　Python作为一种简单易学的语言，不仅仅体现在语法简单，它还有很多强大的模块，pygame就是一个专门用来开发游戏的模块。本案例通过编写接福游戏来体验pygame的功能及一般游戏项目的开发步骤。

项目名称　**接福游戏**

文件路径　第8章\项目\接福游戏

　　春节前，张晓辉看到很多人在支付宝上玩"集五福"游戏，心想：马上要过春节了，能不能使用Python编写一个接福游戏？张晓辉想象的接福游戏是用鼠标单击屏幕上随机出现的福字，成功接到一个福字即加分。随着得分不断升高，当达到一定分数值时，游戏难度开始升级，福字在屏幕上停留的时间将变短，接到福字的难度将变大。

8.3.1　项目分析

游戏项目的编写原理，就是把一些静止的图像（对象）加载到游戏窗口中。根据游戏规则，通过鼠标、键盘等控制，使这些对象移动，产生动画效果，判断是否得分，实现游戏效果。

1. 游戏分析

场景　本游戏有3个场景，包括开始、游戏和得分，其中游戏场景中包含福字显示区域与计分区域。

角色　本游戏主要有3个角色，包括标题、福字、按钮。

规则　本游戏规则为：使用鼠标单击随机出现的福字。如鼠标击中福字，则在score后显示增加5分；如未击中，则在miss后显示未击中次数。

2. 技术分析

利用Python编写接福游戏程序，主要由创建游戏场景、加载游戏角色、实现游戏规则等部分组成，要实现这些功能需要用到Python中的pygame模块。pygame模块中自带一组开发游戏的函数库，可用于管理图形、动画和声音等，让我们很轻松地开发一些小游戏。在接福游戏中，用到的创建游戏场景、加载游戏角色和实现游戏规则的函数如下。

创建游戏场景　使用pygame提供的pygame.display模块，可以创建、管理游戏窗口。

加载游戏角色　使用pygame.image.load()函数，可以导入事先准备好的图像。

实现游戏规则　使用pygame.event.get()函数，可以获得用户当前所有动作的事件列表。

8.3.2 项目规划

确定好项目的目标任务之后，需要进一步明确解决问题的思路，制定出实施方案。

1. 知识准备

游戏的初始化和退出　在使用pygame提供的所有功能之前，需要调用init方法初始化游戏，在游戏结束前需要调用quit方法退出游戏。

函数	功能
pygame.init()	导入并初始化所有pygame模块
pygame.quit()	卸载pygame模块，在游戏结束之前调用

```
1 import pygame
2 pygame.init()
3 print("游戏代码...")                              # 编写游戏代码
4 pygame.quit()
```

游戏中的坐标系　在游戏中，坐标系原点在左上角(0,0)，x轴从原点水平方向向右逐渐增加，y轴从原点垂直方向向下逐渐增加。所有可见的元素都是以矩形区域来描述位置的，要描述一个矩形区域有4个要素：(x, y) (width, height)。pygame专门提供pygame.Rect模块用于描述矩形区域。

```
1 import pygame
2 fu_rect=pygame.Rect(100,500,120,125)      # 定义矩形描述对象
                                              的位置和大小
```

创建游戏主窗口　pygame专门提供pygame.display函数用于创建、管理游戏窗口。

函数	功能
pygame.display.set_mode()	初始化游戏显示窗口
pygame.display.update()	刷新屏幕内容显示，稍后使用

```
1 import pygame
2 pygame.init()
3 screen = pygame.display.set_mode((800, 600))      # 创建游戏窗口
```

绘制图像　在游戏中，能够看到的游戏元素大多都是图像，要使图像显示在屏幕上，需要按照以下三个步骤进行操作。

(1) 使用pygame.image.load()加载图像的有关数据。

(2) 使用游戏屏幕对象，调用blit将图像绘制到指定位置。

(3) 调用pagame.display.update()更新显示。

```
1 import pygame
2 pygame.init()
3 screen = pygame.display.set_mode((800, 600))
4 back = pygame.image.load("bg.jpg")          #加载背景图像
5 screen.blit(back, (0, 0))                    #将背景图像绘制到屏幕
6 pygame.display.update()                      #更新屏幕显示
```

游戏循环　为使游戏程序启动后不会立即退出，通常会在游戏程序中增加一个无限循环。

```
1 import pygame
2 pygame.init()
3 screen = pygame.display.set_mode((800, 600))
4 while True:
5   pass                                       ── 游戏循环
6 pygame.quit()
```

游戏时钟　pygame提供pygame.time.Clock函数用于设置屏幕刷新帧率，也称为游戏时钟。使用时钟对象需要按照以下两个步骤进行操作。

(1) 在游戏初始化后创建一个时钟对象。

(2) 在游戏循环中让时钟对象调用tick(帧率)方法。

```
1 import pygame
2 pygame.init()
3 screen = pygame.display.set_mode((800, 600))
4 back = pygame.image.load("bg.jpg")
5 screen.blit(back, (0, 0))
6 pygame.display.update()
7 clock=pygame.time.clock()                    #创建时钟对象
```

事件监听　游戏启动后，监听用户针对游戏所做的操作。如单击"开始\结束"按钮、单击鼠标、敲击键盘等。pygame.event.get()函数可以获得用户当前所有动作的事件列表。

```python
1  import pygame
2  pygame.init()
3  screen = pygame.display.set_mode((800, 600))
4  back = pygame.image.load("素材\bg.jpg")
5  screen.blit(back, (0, 0))
6  pygame.display.update()
7  clock=pygame.time.clock()
8  while True:
9      clock.tick(90)
10     for event in pygame.event.get():      #监听事件
11         if event.type == pygame.QUIT:     #判断事件类型是否
12             print("游戏退出....")            是退出事件
13             pygame.quit()
14             exit()
```

2. 思路分析

编写接福游戏程序的总体思路，归纳起来由两个部分组成，即游戏初始化和游戏循环。游戏循环部分是程序的核心，也是程序的难点，是根据游戏规则和Python语言特点来实现的。

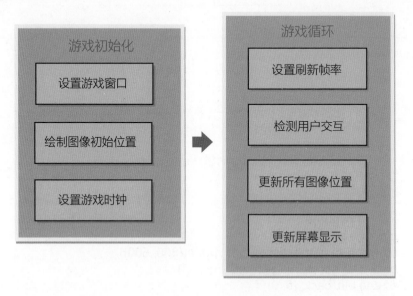

3. 算法设计

第一步：设置游戏环境。

第二步：设置初始值并绘制图像。

第三步：进入游戏循环。

第四步：调用showstart()、showfu()、showmiss()、showscore()刷新屏幕，等待delay毫秒。

第五步：监听鼠标事件，若击中福字则加分；若关闭窗口，则结束程序。

第六步：回到第三步。

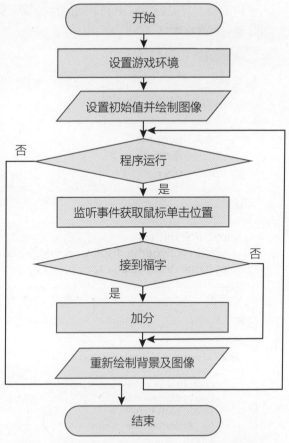

8.3.3 项目实施

项目实施是项目学习的核心环节，根据游戏开发的基本步骤和本项目的算法流程，完成程序编写、调试运行，实现项目预定目标。

1. 开发准备

安装pygame模块　按Win+R键，打开"运行"对话框，按下图所示操作，完成模块安装。

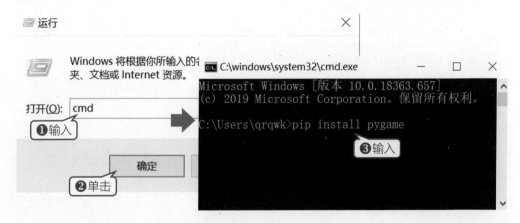

　　素材准备　准备好游戏中的背景图片、福字图片、按钮及背景音乐等素材，并将其放到指定的文件夹中。

2. 界面设计

　　加载第三方库　在编写主程序前，先要导入第三方库，在接福游戏中需加载pygame、random、sys等模块。

```
1 import pygame                              # 加载 pygame 库
2 import random                              # 加载 random 库
3 import sys                                 # 加载 sys 库
```

　　创建游戏窗口　导入第三方库后，开始创建游戏窗口。

```
4 pygame.init()                                        # 初始化
5 screen = pygame.display.set_mode([800,600])          # 窗口大小
6 pygame.display.set_caption('接福')                    # 窗口名称
```

　　加载图像　添加游戏主界面的背景、按钮、福字等图片，设置这些图像在窗口中显示的位置；在主界面上添加相关文字，并设置文字字体、大小、显示位置等。

```
 7 back = pygame.image.load('素材/bg.jpg')                       #调用背景图片
 8 def showstart():                                              #定义游戏开始主界面
 9     textfont = pygame.font.SysFont('SimHei', 15)             #使用系统自带字体
10     t = textfont.render("游戏规则:", True, (255,0,0))         #设置显示文字及颜色
11     screen.blit(t,[0,0])                                     #设置显示文字位置
12     t = textfont.render("点击\'福\'字则得分", True, (100,125,255))  #设置显示文字及颜色
13     screen.blit(t,[20,20])                                   #设置文字位置
14     start = pygame.image.load('素材/start.png')              #加载开始按钮
15     screen.blit(start,[300,400])                             #设置开始按钮位置
16 def showfu(x,y):                                             #定义游戏对象福字
17     gift = pygame.image.load('素材/fu.jpg')                  #加载福图片到gift对象
18     screen.blit(gift,[x,y])                                  #在(x,y)位置显示gift
19 def showscore(score):                                        #定义得分显示
20     textfont = pygame.font.SysFont('Arial', 30)             #设置得分字体、字号
21     t = textfont.render('score:'+str(score), True, (255,0,0))  #设置文字内容，颜色
22     screen.blit(t,[50,50])                                   #设置得分数字位置
23 def showmiss(miss):                                          #定义未击中文字显示
24     textfont = pygame.font.SysFont('Arial', 30)             #设置未击中字体、字号
25     t = textfont.render('miss:'+str(miss), True, (255,0,0))  #设置文字内容颜色
26     screen.blit(t,[200,50])                                  #设置未击中数字位置
27 def showend():                                               #定义退出按钮
28     end = pygame.image.load('素材/end.png')                  #加载退出按钮
29     screen.blit(end,[700,572])                               #设置退出按钮位置
```

3. 计算得分

　　得分初始化　根据游戏规则，在编写程序前，要对分值和福字进行初始化设置。

```
31 score = 0                    #得分初始化 0
32 all_fu = 0                   #福字数量初始化 0
33 delay = 1000                 #定义延时时间
34 oldscore = 0                 #上一次得分初始化 0
35 is_start = False             #判断游戏是否开始，初始为未开始
36 x = 0                        #定义福字坐标 x
37 y = 0                        #定义福字坐标 y
```

设置福字随机出现的位置　通过以下程序，让福字在屏幕中随机显示。

```
x = random.randint(100,700)          # 随机坐标 x 位置
y = random.randint(100,500)          # 随机坐标 y 位置
showfu(x, y)                         # 随机显示福字位置
```

计算得分　当游戏开始时，单击鼠标，击中福字且是第一次击中即得5分。

```
elif event.type == pygame.MOUSEBUTTONDOWN:  # 鼠标移动
    mousex,mousey = pygame.mouse.get_pos()      # 获取鼠标位置
    if mousex in range(x,x+70) and mousey in \
    range(y, y+70) and pos == False and is_start == True:
        score += 5                   #游戏开始，第一次击中福字得 5 分
```

得分初始化　当游戏未开始时，得分初始化为0。

```
is_start = False               #定义游戏未开始
score = 0                      #得分初始化为 0
all_fu = 0                     #福字数量初始化为 0
delay = 1000                   #延迟初始化
oldscore = 0                   #上一次得分初始化为 0
```

显示得分　因击中一次福字得5分，故计算未击中次数的公式为：
miss=出现福字数-(得分/5)。

```
screen.blit(back,[0,0])              #显示游戏背景
showscore(score)                     #显示击中得分
showend()                            #显示结束按钮
showmiss(all_fu-int(score/5))        #显示未击中次数
```

8.3.4 项目提升

为了提升游戏的趣味性，激发玩家兴趣。我们还可以给游戏设置难度、关卡、奖品，添加音效和背景音乐等。

1. 游戏升级

在本游戏中，设置随机出现的福字在屏幕上停留的时间为1000ms。为了增加游戏

难度，当得分增加到100的倍数时，即减少福字在屏幕上的停留时间，从而达到提高游戏难度的目的。当然，停留时间也不能一直减少，还需要设置时间下限。

```
if score!=oldscore and score % 100 == 0 and delay-100>=400:
    delay -= 100                    #当得分为100的倍数时, 停留
    oldscore = score               时间减少100ms
elif delay-100<400:                #限制游戏难度, 停留时间不
    delay = 400                    低于400ms
```

2. 添加音乐

如果给接福游戏添加背景音乐玩起来会更酷。添加背景音乐需要用到pygame一个mixer.music函数。

```
1 import pygame
2 file=r'素材/bjyy.mp3'            #音乐文件路径
3 pygame.mixer.init()              #初始化
4 track = pygame.mixer.music.load(file)  #加载音乐文件
5 pygame.mixer.music.play()        #开始播放音乐
```

把play改成pause和unpause可以实现暂停和继续播放的功能。